中国水利教育协会　组织

全国水利行业"十三五"规划教材（职工培训）

水文信息测报与整编

主　编　陈吉琴

主　审　拜存有　香天元

U0339535

中国水利水电出版社
www.waterpub.com.cn

·北京·

内 容 提 要

    本书主要介绍了江河水文信息的采集、数据整理与整编、传输与管理的基本概念、原理及方法，其主要内容有水文测站与站网、水文信息采集、水文信息数据处理及整编、水文信息传输与自动测报系统、水文信息管理等。

    本书可作为全国基层水利职工培训教材，亦可作为水文与水资源工程专业参考书，还可供从事水文、水资源、水环境及有关水利工程等方面的技术人员参考。

图书在版编目（CIP）数据

水文信息测报与整编 / 陈吉琴主编. -- 北京 ： 中国水利水电出版社，2018.7
  全国水利行业"十三五"规划教材. 职工培训
  ISBN 978-7-5170-6517-3

Ⅰ．①水… Ⅱ．①陈… Ⅲ．①水文观测－技术培训－教材②水文资料－资料处理－技术培训－教材 Ⅳ．①P338②P337-3

中国版本图书馆CIP数据核字(2018)第125106号

书　名	全国水利行业"十三五"规划教材（职工培训） **水文信息测报与整编** SHUIWEN XINXI CEBAO YU ZHENGBIAN
作　者	主　编　陈吉琴 主　审　拜存有　香天元
出版发行	中国水利水电出版社 （北京市海淀区玉渊潭南路 1 号 D 座　100038） 网址：www. waterpub. com. cn E - mail：sales@waterpub. com. cn 电话：(010) 68367658（营销中心）
经　售	北京科水图书销售中心（零售） 电话：(010) 88383994、63202643、68545874 全国各地新华书店和相关出版物销售网点
排　版	中国水利水电出版社微机排版中心
印　刷	天津嘉恒印务有限公司
规　格	184mm×260mm　16 开本　12.25 印张　290 千字
版　次	2018 年 7 月第 1 版　2018 年 7 月第 1 次印刷
印　数	0001—2000 册
定　价	**34.00 元**

凡购买我社图书，如有缺页、倒页、脱页的，本社营销中心负责调换

版权所有·侵权必究

前　言

本书是全国水利行业"十三五"规划教材（职工培训），其主要内容：第一章水文测站与站网，介绍水文站网规划与测站的布设；第二章水文信息采集，介绍水文信息的观测项目、使用仪器、观测方法和测算方法；第三章水文信息数据处理及整编，介绍水文测站采集的水文信息原始数据，如何按照科学的方法和统一的格式整理、分析，使之成为系统、完整且有一定精度的水文信息资料；第四章水文信息传输与自动测报系统，介绍水文信息的传输方式和原理，水文自动测报系统的原理和方法；第五章水文信息管理，介绍水文数据库、水文信息模拟及水文信息管理系统。本书力求深入浅出，理论联系实际，便于学生自学和进行必要的基本技能训练。

全书具体编写分工如下：绪论和第四章由长江工程职业技术学院陈吉琴编写，第一章由长江工程职业技术学院何国勤编写，第二章第一～第三节由江西水利职业学院钟文君编写，第四～第七节由长江工程职业技术学院徐成汉编写，第三章第一～第三节由河南水利与环境职业学院荆燕燕编写，第四～第七节由福建水利电力职业技术学院师琨编写，第五章由长江水利委员会水文中游局赤壁分局伏琳编写。全书由陈吉琴担任主编并统稿，杨凌职业技术学院拜存有、长江水利委员会水文局香天元担任主审。

本书在编写过程中得到了很多同志的帮助，同时参考了大量的文献，谨此致谢！

由于时间仓促及编者水平所限，书中难免有不妥和错误之处，欢迎读者批评指正。

编者

2018 年 5 月

目 录

绪　　论

水文信息测报与整编即水文信息采集与处理技术，是研究各种水文信息的测量、计算与数据处理的原理和方法的一门学科。它的任务是：根据国民经济发展的需要，进行水文站网的规划与测站布设，通过定位观测、巡回测验、自动遥测、水文调查等方法，对各种水文要素（如水位、水温、冰凌、流量、泥沙、降雨、蒸发、水质等）进行定量观测和分析；对测量（采集）的水文信息进行计算、处理；将整编好的水文信息以水文年鉴或电子水文年鉴的形式进行发布。

一、水文信息的作用

水文是水利的尖兵，兴修水利和对水利工程进行科学管理、运用，都必须先研究和掌握有关地区水资源的量和质。对水土流失的程度，水旱灾害的大小，冰、沙和水中污染物危害的可能性等问题的研究，也必须具备足够而准确的有关水文、气象、水文地质和水力因素等多方面的信息。有关水资源的量和质，以及有关水文方面的信息，通称"基本水文信息"或"基本水文资料"。其他与水有关的国民经济建设，也都必须先收集基本水文信息用以分析和解决有关问题。例如，工矿企业集中的城市，如果盲目开采地下水，将会导致地面下沉，如果肆意往河渠中排污，势必引起水源污染。

"基本水文信息"的内容，大致可分为两个方面的工作成果：一是针对拟测对象而进行的实地勘测记录、计算的各种图表，这些称为"原始水文信息"；二是对"原始水文信息"按年度进行系统加工而成的"整编成果"，并按流域、水系刊印成水文年鉴或制作水文年鉴的电子版本，在计算机网络上发布。原始信息也好，水文年鉴也好，都是用"数据"来记载已发生过的"历史水文事件"。收集和研究这些历史水文事件的目的，在于获得"未来水文事件"的信息，而这些"未来水文事件"的信息正是水利、水电事业和其他国民经济建设部门处理有关问题的依据。

二、水文信息测报与整编的科学性与研究内容

水文学是地球物理科学的一部分，它研究地球上各种水体（大气中的水汽，地球表面的江河、湖泊、沼泽、冰川、海洋和地下水等，统称水体）的存在、循环和分布，物理与化学特性，以及水体对环境的影响和作用，包括对生物特别是对人类的影响。按照水体所处的位置和特点的不同，水文学可分为水文气象学、河流水文学、湖泊水文学、海洋水文学（海洋学）、地下水文学等。

水文信息测报与整编是水文学的重要组成部分，它是研究如何测定自然界水循环与陆地过程中各种水文要素变化规律的一门科学，属于测定技术的范畴。有人作出"没有测定技术就没有科学"的评语，不是没有道理的。因此，水文信息测报与整编的前身称为水文

测验学。随着测验技术和信息技术的结合与发展，逐渐形成了以水文测验为基础的水文信息测报与整编，它所研究的内容主要有以下几方面。

1. 站网规划理论

站网规划理论包括站网规划和测站布设。为了能收集到大范围内的基本水文资料，为国民经济各部门建设服务，必须科学而经济地规划布设足够数量的水文测站，开展对水文要素的定位观测。这些水文站点构成了"探索区域性水文规律的控制观测体系"，称为水文站网。合理地规划布设水文站网，是水文测验工作首先要解决的重要问题。

我国水文站网于 1956 年开始统一规划布设，经过多次调整，布局已比较合理，但尚难完全符合客观的水文规律和国民经济不断发展的需要，还必须不断加以调整、补充，使之日趋完整、合理。

进行定位观测的水文站，是在有关河道上经过选择而在有关河段布设的。各水文站的地理位置在站网规划时已大致被确定。但是，水文站落实到哪一段河道，尚需经过勘测并根据地形、地貌、河床稳定情况、水流流向以及测站控制原理所要求的条件来选定。

2. 水文测验技术标准的拟定和修订

对上述水文站网所属各水文站，必须拟定统一的观测技术标准（如各种水文要素的测算方法、仪表设备使用的技术规程、观测时制和精度要求等），然后按此标准去搜集资料，所得成果才能起到站网控制观测的作用。否则，各站观测成果精度不一、项目不全、时制不同等等，用这样的资料就难以分析出区域的水文规律，也就失去了布站进行控制观测的作用。我国在 20 世纪 50 年代就拟定了水文测验规范，并经过六七十年代的两次修订，该技术标准对保证我国 50—80 年代的国家基本水文资料的质量起到了重要作用。随着科学技术的发展，国民经济建设对水文资料的要求不断变化，以及国际水文测验技术的交流，原有的技术标准就难以与新形势相适应，将它进行修订、改革是完全必要的。国际间已成立有"国际标准化组织"（简称 ISO）和"世界气象组织"（简称 WMO）都从事水文观测技术标准的研究。我国在 20 世纪 80 年代以后，积极研究和引进有关国际标准，结合我国的实际情况和科学技术发展的要求，不断修订我国的水文测验规范，为发展我国水文测验技术起到了促进作用。

3. 水文信息采集

水文信息采集有两种情况：一种是对水文事件当时发生情况下实际观测的信息；另一种是对水文事件发生后进行调查所得的信息。

在水文站上定位观测的信息属于对水文事件当时发生情况下实际观测的信息。为此，需要研究观测各种水文要素的适用仪器设备及其使用技术、水文要素的测算原理和施测方法等。收集原始水文资料的主要目的，在于能用它整编出理想的水文年鉴，以提供给有关部门应用。因此，在日常观测工作中，必须根据水文年鉴整编方案的要求，采取技术措施去获取理想的原始资料。由于水文要素之间的关系或单个水文要素都随着时间和影响因素的变化而变化，若不能测出整个变化过程，则需采用"抽样"测法，以取得代表该变化转折点的资料，来满足进行年度整编所需要的理想资料。为此，除采取上述有关技术措施外，尚需研究所谓"测次"和"施测时机"问题。

由于自然界地理环境的平面变化大和水文现象的随机性强等特点，仅靠站网布局的定位观测，有时难以观测到全面而真实的基本水文资料。以暴雨观测为例，由于暴雨中心的降落位置游移不定，因此雨量站网所布局的雨量站，不一定能观测到每场暴雨的最大暴雨量，特别在缺乏雨量站网的历史时期，漏测最大暴雨量的情况就更为严重，但暴雨资料非常宝贵，这就需要辅以水文调查的办法，去取得资料，以弥补定位观测的不足。暴雨观测如此，其他水文要素的观测亦同样需要开展相应的水文调查工作。水文调查是对水文事件发生后进行调查，以获取水文信息。

水文信息采集的项目有：水位、流量、泥沙、降雨、蒸发、冰凌、水温、地下水以及水生态环境等有关的水文气象信息。

4. 水文信息数据处理

各种水文测站采集的水文信息原始数据，都要按科学的方法和统一的格式整理、分析、统计、提炼成为系统、完整且有一定精度的水文信息资料，供有关国民经济部门应用。这个水文信息数据的加工、处理过程，称为水文信息数据处理。

水文信息数据处理的工作内容包括：收集、校核原始数据，编制实测成果表，确定关系曲线，推求逐时、逐日值，编制逐日表及水文信息要素摘录表，进行合理性检查，编制整编说明书。

5. 水文信息的传输与管理

布置在流域（区域）上的雨量站、水位站和水文站，采集了大量的水文信息资料，如何将这些信息迅速、实时地传输到流域（区域）或全国的水文信息中心，又如何将这些信息供给有关部门应用，这就涉及水文信息的传输和管理。目前，水文部门采用了多种通信手段（有线与无线的，微波与卫星通信等）进行水文信息的传输，研制了不同功能的信息管理系统对水文信息进行管理，并正在形成全国、流域和省、市、区计算机网络中心，统一进行水文信息传输、交换和管理。

三、我国水文信息测报与整编的发展概况

我国水文信息测报与整编有着悠久的历史。早在 4200 多年以前的夏禹治水，观察了河流的水文变化情势，认识到"顺水之性"，采用了疏导之策取得成功。公元前 3 世纪的《吕氏春秋·圜道》中准确而朴素地对水文循环的定性描述，与后世的定量证明完全相符，为后来许多史学家推崇备至。公元前 3 世纪，李冰父了在四川修建的都江堰水利工程，设置了 3 个石人水尺，以分别观测内江、外江和渠首的水位，并巧妙地利用当地地形，合理地解决了分洪、排沙和灌溉、航运等水文问题。

我国现代水文测验工作始于 19 世纪中叶。为控制我国沿海和内河航运，于 1865 年在汉口等地设站观测水位和雨量；并于 1841 年在北京开始了雨量观测；始建于 1910 年的海河小孙庄水文站最先采用浮标法测流；最早使用流速仪测流的测站是 1915 年设站的淮河蚌埠水文站；1919 年在黄河设站观测水位、流量和含沙量。但由于我国水文站网缺乏统一规划，设备落后，至 1949 年全国各种水文站点仅 2600 处（未包括我国台湾地区的数据，下同），其中水文站仅 148 处，且分布很不合理，资料残缺不全，未经整编，无法使用。

随着国家的建设与发展，水文测验工作有了很大的进步和提高，全国已建立起较为完

整和科学的站网体系。据不完全统计，截止 2013 年年底，全国水文部门共有各类水文测站 86554 处，其中：水文站 4011 处、水位站 9330 处、雨量站 43028 处、蒸发站 14 处、墒情站 1912 处、水质站 11795 处、地下水监测站 16407 处、实验站 57 处。同时，水文测验规范也在不断充实和完善。在 1955 年制定的《水文测站暂行规范》基础上，经过几次修订，统一了全国水文测验技术标准，推动了水文测验技术的不断发展。1982 年以来，又在总结我国经验和吸收国标标准有关内容的基础上，对先前规范进行了全面修订，已颁行了 8 册。1990 年 1 月开始实施《水文资料整编规范》，1994 年 2 月开始实施《河道流量测验规范》。至 2007 年已有 96 个标准颁布实施。随着我国经济的迅速发展和科学技术水平的快速提高，我国水文信息测报与整编的技术也有明显的改进。目前，我国大多数可能使用水位、雨量自记的测站都使用了自记水位计和自记雨量计，使用缆道测流的测站已达 50％以上，遥测、遥控和自动测报系统已较普遍地建立，超声波测流、光电测沙和多普勒流速剖面仪等已在生产上相继应用。过去，我国水文测验资料都是以《水文年鉴》的形式刊印并发布。1988 年后，全国各流域和省（直辖市、自治区）水文机构都已配备了计算机，通用整编程序已鉴定并推广应用，全国分布式水文数据库正在逐步建设和完善，与观测手段相衔接，将形成完整的全国水文信息系统。现在，水文信息测报与整编正朝着采集自动化、传输网络化、计算科学化、整编规范化的方向发展。

第一章　水文测站与站网

水信息，受气象、地理、各地工农业生产发展情况等多方面因素的影响，存在着地区性、不重复性及周期性的特点。要研究和掌握水文要素、水质要素在不同时期、不同地区及不同条件下的变化规律，就必须对其进行采集。采集方式可以选择欧拉法或拉格朗日法。但要长期收集这些要素，拉格朗日法则有着明显的优势。因而，无论对过去的、现在的、还是未来的水信息进行采集，都需要有采集的场所，即测站，许多测站组成站网。

第一节　水　文　测　站

在流域内一定地点（或断面）按统一标准对指定的水要素进行系统、规范的观测以获取所需水信息而设立的观测场所称为测站。图 1-1 是长江荆江段的一个水文测站水位自记台。

一、按观测的项目分类

1. 水文站

水文站为经常收集水文数据而在河、渠、湖、库上或流域内设立的各种水文观测场所的总称。

2. 水质站

水质站为掌握水质动态，收集和积累水质基本资料而设置的水质信息测站。因为有监视、监管的内涵，所以取名监测站。

3. 气象站

图 1-1　长江荆江段的一个
水文测站水位自记台

气象站是对气象诸要素进行观测的场所的总称。

上述测站还可进一步划分，如水文站按所观测的项目分水位、流量、泥沙、降水、蒸发、水温、冰凌、水质、地下水位等。只观测上述项目中的一项或少数几项的测站，按其主要观测项目分别称为水位站、流量站（也称水文站）、雨量站、蒸发站等。气象观测站可以按其主要观测项目分别称为雨量站、蒸发站、高空风观测站、风速观测站、露点观测站等。

二、按观测的方式分类

（1）人工观测站。
（2）自动监测站。

（3）遥感遥测站。

（4）卫星监测站。

三、按测站的性质和作用分类

若根据测站性质和作用划分，水文测站又可分为基本水文测站和专用水文测站两大类。其中，基本水文测站分为重要水文测站和一般水文测站。基本水文测站，是指为公益目的统一规划设立的，对江河、湖泊、渠道、水库和流域基本水文要素进行长期连续的系统的观测，是为国民经济各方面的需要服务的水文测站。专用水文测站，是为某种专门目的或用途由各部门自行设立的水文测站。这两类测站是相辅相成的，专用站在面上辅助基本站，而基本站在时间系列上辅助了专用站。

国家对水文测站实行分类分级管理。

第二节　水　文　站　网

一、定义

测站在地理上的分布网称为站网。广义的站网是指测站及其管理机构所组成的信息采集与处理体系。

二、目的

测站设立的数目与当时当地经济发展情况有关。如何以最少站数来控制广大地区水文、水质要素的变化，这与测站布设位置是否恰当有着密切关系。站网规划就是将测站按照一定的科学原则布设在流域的合适位置上。站网布设后可以把各测站有机地联系起来，使测站发挥出比孤立存在时更大的作用。将所设站网采集到的水信息经过整理分析后，达到可以内插流域内任何地点水文或水质要素的特征值。

三、站网的规划

研究测站在地区上分布的科学性、合理性、最优化等问题。

例如，按站网规划的原则对水文站网中河道流量站进行布设：当流域面积超过 $3000\sim5000km^2$ 时，应考虑能够利用设站地点的资料，把干流上没有测站地点的径流特性插补出来；预计将修建水利工程的地段，一般应布站观测；对于较小流域，虽然不可能全部设站观测，但应在水文特征分区的基础上，选择有代表性的河流进行观测；在中、小河流上布站时还应当考虑暴雨洪水分析，如对小河应按地质、土壤、植被、河网密集程度等下垫面因素分类布站，布站时还应注意雨量站与流量站的配合；对于平原水网区和建有水利工程的地区，应注意按水量平衡的原则布站。也可以根据实际需要，安排部分测站每年只在部分时期（如汛期或枯水期）进行观测。又如水质监测站的布设，应以监测目标、人类活动对水环境的影响程度和经济条件这 3 个因素作为考虑的基础。

1949 年我国各类水文测站总数仅有 353 处，其中水文站 148 处；1984 年各类水文测站总数已达 21618 处，其中水文站 3396 处，水位站 1425 处，雨量站 16734 处，实验站 63处。在上述测站中，共计观测流量 3396 处，水位 4821 处，泥沙 1583 处，冰情 1103 处，雨量 16734 处，天然水化学分析 977 处，水质污染监测 1752 处。1999 年，水文站达 3683个。到 2006 年，除台湾省外，据全国水文站网年报统计，全国有国家基本水文站共 2936处，水位站 1160 处，雨量站 14373 处，水质站 4557 处，地下水观测井 12313 处。2005年各类水文站网在保持基本稳定的同时，逐步进行了优化调整，雨量站、水质站、地下水监测站点有所增加。1956 年开始统一规划布站，经过多次调整，布局已比较合理，对国民经济发展起到了积极作用。但随着我国水利水电的发展，大规模人类活动的影响不断改变着天然河流产汇流、蓄水及来水量等条件，因此对水文站网要进行适当调整、补充。

四、站网的分类

1. 按测验项目分类

站网分为水位站网、流量站网、雨量站网、蒸发站网、泥沙站网、水质站网、地下水观测井网等以及实验站网。

2. 按经办单位分类

站网分为国家站网、群众站网。

3. 按测站性质分类

站网分为基本站网、专用站网。

基本站网是综合国家经济各方面需要，由国家统一规划建立的。要求以最经济的测站数目，能达到内插任何地点的特征值为目的。基本站网中，站与站之间有密切的联系，一个站的站址变动会影响到邻近测站的布局。因此，一旦基本站网建立了，再变动站址就应慎重考虑。要提交变动论据，并需经流域、省或区相应部门领导机关审定。基本站的工作应根据颁布的各类测验技术规程进行观测、测验，获取数据必须统一整编刊印或以其他方式长期存储。

按水文基本站网的性质和任务，又分为大河控制站、区域代表站、小河站和实验站。

（1）大河控制站的主要任务，是为江河治理，防汛抗旱，制定大规模水资源开发规划以及重大工程的兴建，系统地收集资料，是为探索特征值及其沿河长的变化规律需要而在大河上布设的测站，在整个站网布局中，居首要地位。大河控制站按线的原则布设。

（2）区域代表站的主要作用，是控制流量特征值的空间分布，为探索中等河流水文特征地区规律，解决任一水文分区内任一地点流量特征值，或流量过程资料的内插与计算问题而在有代表性的中等河流上布设的水文站。区域代表站，按照区域原则布设。

（3）小河站主要任务，是为研究暴雨洪水、产流、汇流、产沙、输沙的规律，而收集资料。在大中河流水文站之间的空白地区，往往也需要小河站来补充，满足地理内插和资料移用的需要。因此，小河站是整个水文站网中不可缺少的组成部分。小河站按分类原则布设。

（4）实验站，为对某种水文现象的变化过程或某些水体进行全面深入的实验研究而设立的一个或一组水文测站，如径流实验站、蒸发实验站、水库湖泊实验站、河床演变实验站、沼泽实验站、河口实验站、水土流失实验站、雨量站网密度实验站等。在国外，还有实验性流域和水文基准站。实验性流域是研究一个天然流域经过不同程度不同措施的人工治理后对水循环的影响；水文基准站是研究在自然情况下水循环各因素长期变化的趋势。

专用站网是为科学研究、工程建设、管理运用等特定目的而设立的，它的观测项目、要求及测站的撤销与转移，依设站目的而定，可由该部门自行规定。

基本站网与专用站网，它们的作用是相辅相成的。专用站在面上补充基本站，而基本站在时间系列上辅助专用站。群众站网主要是雨量站，它是对国家站网的补充，对及时指导当地生产建设、防汛抗旱起积极作用。

站网（主要指基本站网）建成后并不是一成不变的，而是应当根据经济发展的需要和测站的实际作用不断加以补充和调整，以满足经济建设和科学研究对水文、水质资料的需要。因此，对布设的站网，需要不断地做下列工作。

（1）站网分析，指为了充分发挥站网整体功能，对现有站网资料进行的分析研究工作。

（2）站网检验，指按一定的原则和方法对现有测站进行设站目的和任务在站网整体功能中的作用等的检查和验证。

（3）站网优化，指在一个地区或流域内使站网能以较少的站点控制基本水要素在时间和空间上的变化且投资少、效率高、整体功能强的分析工作。

（4）站网调整，指为使站网不断优化及随着情况的变化对测站进行增、撤、迁的工作。

五、基本流量站网布设的原则

（一）线的布设

1. 定义

沿大河干流每隔适当距离就布设一个测站，站间距离应满足沿河长内插径流特征值的精度要求以及沿河长发布水文情报、预报的需要，见图 1-2。

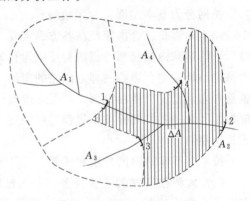

图 1-2　线的布设原则示意图

2. 公式表达

考虑到流量误差，相邻站间距离应使得径流量 R（或流域面积）沿河长有一定的递增率（λ），一般规定为

$$\frac{R_2-(R_1+R_3+R_4)}{R_1+R_3+R_4}\geqslant 10\%\sim 15\% \tag{1-1}$$

3. 适用条件

流域面积不小于 5000km² （南方为 3000km²）的大河干流。

4. 规划应用

上游至下游：上游稀，下游密；河流水量最大处或沿河长水量有显著变化的地方；如河流下游、在入汇口处等要设站。

（二）区域的布设

1. 定义

根据气候、下垫面等自然地理因素进行水文分区，在分区内选择有代表性的流域布设测站。利用这些站的资料可以进行相似河流的水文计算，而不必在每条中小河流布站。

2. 适用条件

流域面积为 $200\sim5000\text{km}^2$（南方为 3000km^2）的中等河流。

3. 注意事项

（1）流域面积对水文特征值影响很大，一般要按不同面积分级布站。

（2）区域原则主要是控制水文特征值在面上的变化，布站在面上要分布均匀。

（3）布站在高度上要分布均匀。

（4）考虑土壤、植被等对产流的影响，流域形状、坡度对河道汇流的影响。

（三）分类原则

1. 原因

对流域面积小于 200km^2 的河流，因这类河流数目很多，如采用区域布设代表站则数量过多。这类小河的流域特性差异较大，但小河流域的植被、土壤、地质等因素比较单一，占主导地位的某单项因素，可较灵敏地直接影响支流的形成和变化。且流域越小，单项因素的影响越显著。因此，按下垫面分类原则来布站，即按自然地理条件如湿润地区、沙漠、黄土高原等划分大区；按植被、土壤、地质、河床质组成等下垫面因素进行分类；同一类型按流域面积大小分级，并考虑流域坡度、形状等因素进行布站。

2. 目的

在布站的数量上，以能妥善确定产流汇流参数的要求为准。由此原则布设的小河流所搜集的资料，可以应用到相似的、无水文资料的小流域上。

3. 适用条件

流域面积小于 200km^2 的小河流。

六、基本水位站网的布设原则

在水文测验中，水位往往是用于推求流量的工具，绝大多数流量站都有水位观测。因此，流量站网的基本水尺，是水位站网的组成部分。

在大河干流、水库湖泊上布设水位站网，主要用以控制水位的转折变化。满足内插精度要求、相邻站之间的水位落差不被观测误差所淹没为原则，确定布站数目的上限和下限。其设站位置，可按下述原则选择：

（1）满足防汛抗旱、分洪滞洪、引水排水、水利工程或交通运输工程的管理运用等需要。

（2）满足江河沿线任何地点推算水位的需要。

（3）尽量与流量站的基本水尺相结合。

七、基本泥沙站网布设原则

在泥沙站网上进行测验，是为流域规划、水库闸坝设计、防洪与河道整治、灌溉放淤、城市供水、水利工程的管理运用、水土保持效益的估计、探索泥沙对污染物的解吸与迁移作用以及有关的科学研究，提供基本资料。

泥沙站也分为大河控制站、区域代表站和小河站。

大河控制站以控制多年平均输沙量的沿程变化为主要目标，按直线原则确定布站数量，并选择相应的流量站观测泥沙。

区域代表站和小河站、以控制输沙模数的空间分布，按一定精度标准内插任一地点的输沙模数为主要目标，采用与流量站网布设相类似的区域原则，确定布站数量；并考虑河流代表性，面上分布均匀，不遗漏输沙模数的高值区和低值区，选择相应的流量站，观测泥沙。

八、水环境监测站网的布设

水环境监测站网是按一定的目的与要求，由适量的各类水质站组成的水环境监测网络。水环境监测站网可分为地表水、地下水和大气降水 3 种基本类型。根据监测目的或服务对象的不同，各类水质站可组成不同类型的专业监测网或专用监测网。

水环境监测站网规划应遵循以下原则。

（1）以流域为单元进行统一规划。

（2）与水文站网、地下水水位观测井网、雨量观测站网相结合。

（3）各行政区站网规划应与流域站网规划相结合。

（4）站网应不断进行优化调整，力求做到多用途、多功能，具有较强的代表性。

流域机构和各省（自治区、直辖市）水行政主管部门应根据水环境监测工作的需要，建立、健全本流域、本地区水环境监测站网。

九、中国站网布设存在的问题

（1）站网稀且分布不均。世界气象组织（WMO）建议容许最稀站网密度的水平是：一般平原区每站面积 $1000 \sim 2500 km^2$，山区每站面积 $300 \sim 1000 km^2$。我国水文站平均每站面积约为 $2600 km^2$，其中西部地区小于 1/10000（站/km^2）。世界各大洲水文站网密度状况见表 1-1，中国、美国、苏联三国水文测站数比较见表 1-2。

表 1-1　　　　　　　　　世界各大洲水文站网密度状况

地　区	欧洲	北美洲	大洋洲	亚洲	世界平均
密度/（km²/站）	1750	1000	2600	3600	2650

表 1-2　　　　　　　　　中国、美国、苏联三国水文测站数比较

国　名	统计年份	水位站	流量站	泥沙站	水质站
中国	1984	4821	3396	1583	1752
	2006	4914	3615	2048	5140
美国	1980	9491	8300	1400	8900
	2006	34079	7000~7400		9954
苏联	1985	8520	6832	2647	6055

注　美国另有 8200 处不连续观测流量站未计入。另外，因为 1991 年 12 月 26 日苏联宣布解体，所以就没有 2006 年苏联水文测站的统计数据。

（2）全国的站网各自成一体。水文、水质、环境、气象、地下水等观测项目，分属不同的部门管理，不能统一设站，造成资源浪费。

（3）经济条件制约。一段期间内，政府不可能有较多的经费投入，造成流域上游暴雨区缺少雨量站，湖区、平原区站少，使得水量不清、环境监测不及时，突发事件监测信息缺失或是不完整等。

（4）人类活动对站网的影响。涉及站网调整、资料还原等问题。

（5）测验设施落后。在一定程度上，落后于国际上发达国家的水平。

第三节　水文测站的设立

水文测站的设立包括测验河段的选择和观测断面的布设。

一、水文测验河段选择

（一）选择条件

（1）满足设站目的的要求。

（2）稀遇洪水和枯水季节，均能测得所要的信息。

（3）在保证工作安全和测验精度的前提下，尽可能有利于简化水信息要素的观测和观测数据的整理分析工作。如具体对水文测站来说，就是要求测站的水位与流量之间呈良好的稳定关系（单一关系），从而可由水位过程推求出流量过程，大大减轻流量测验及资料整编的工作量。为此，要求水文站具有良好的测站控制。

（4）交通方便，测站易于到达。

（二）考虑因素

要根据设站的目的要求和河流特性综合考虑，灵活掌握，慎重选择。如水文测站选择一般从以下几个方面考虑。

（1）平原河流。应尽量选择河道顺直、匀整、稳定的河段，其顺直长度应不小于洪水时主横河宽的 3～5 倍，以保证比降一致。河段最好是窄深的单式断面，并尽可能避开不稳定的沙洲和冲淤变化过大的断面。河段内应不易生长水草，不受变动回水影响。目的是尽量保证测验河段内的断面、糙率、比降保持稳定。

（2）山区河流。应选在石梁、急滩、卡口、弯道的上游附近规整的河段上，避开乱石阻塞、斜流、分流影响处。

石梁、急滩，一般在中、低水起控制作用，高水时失去控制；而卡口、急弯则在高水时起控制作用。在选择断面控制时，应综合考虑。

（3）其他因素。避开受人为干扰的码头、渡口等处。对北方河流还应尽量避开易发生冰坝、冰塞的河段。选择测验河段还应尽可能靠近居民点。

总之，在选择水文测站时，最理想的是选择在各级水位均具备较好控制的河段。

（三）勘测调查

选择测验河段，应进行现场勘测调查。为了能充分了解河道情况和测量工作的方便，查勘工作最好在枯水期进行。勘测调查工作的主要内容有以下几个。

1. 勘测前的准备工作

明确设站的目的任务，查阅有关文件资料，尤其是有关地形图、水准点、洪水情况等，确定勘测内容与调查大纲，制订工作计划，然后到现场调查。

为全面了解河道概况，对测验河段进行现场调查，调查内容包括以下几点。

（1）河流控制情况的调查。了解测站控制情况，控制断面位置，顺直河段长度，漫滩宽度，分流串沟等情况。

（2）河流水情的调查。了解历年最高、最低水位情况，估算最大流量、最小流量；了解变动回水的起源和影响范围、时间，估算变动回水向上游传播的距离；调查沙情、水草生长情况和冰凌情况。

（3）河床组成，河道的变迁及冲淤情况的调查。

（4）流域自然地理情况、水利工程、测站工作条件的调查。

2. 野外测量

在勘测中，应进行简易地形测量、大断面测量、流向测量、瞬时水面纵比降测量等工作。

3. 编写勘测报告

把调查的情况及测量出的成果分析整理，提出意见，为选择站址提供依据。

二、水文测站控制

（一）定义

水文测站控制是对测站的水位与流量关系起控制作用的断面或河段的水力因素总称。前者称为断面控制，后者称为河槽控制。

（二）断面控制

1. 控制原理

在天然河道中，由于地质或人工的原因，造成河段中局部地形突起，如石梁、卡口等，使得水面曲线发生明显转折，形成临界流，出现临界水深 h_k，从而构成断面控制（图1-3）。

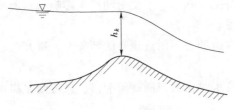

图1-3　低水断面控制示意图

2. 公式表达

由水力学得知，产生临界流处，弗劳德数 $Fr=1$，即

$$Fr=\frac{V_k^2}{gh_k}=1$$

$$V_k=\sqrt{gh_k}$$

设临界水深处河道横断面为矩形断面，断面面积 $A=Bh_k$，则临界流量为

$$Q_k=AV_k=A\sqrt{gh_k}=(B\sqrt{g})h_k^{3/2} \tag{1-2}$$

式中：B 为矩形河道横断面宽度，m；h_k 为临界水深，m；V_k 为临界流速，m/s。

石梁无冲淤，所以，临界水深 h_k 随临界水位 Z_k 而变，故 Q 为

$$Q = f_1(h_k) = f(Z_k) \tag{1-3}$$

3. 控制灵敏度

对式（1-2）两边取对数为

$$\ln Q_k = \ln(B\sqrt{g}) + \frac{3}{2}\ln Z_k$$

两边取微分为

$$\delta_{Q_k} = \frac{\mathrm{d}Q_k}{Q_k} = \frac{3}{2}\frac{\mathrm{d}h_k}{h_k} = \frac{3}{2}\delta_{h_k} \tag{1-4}$$

式（1-4）说明，产生临界流时，其临界流量 Q_k 的相对误差是临界水深 h_k 相对误差的 1.5 倍。

【思考题 1-1】 若河道中同时有两处河段可以进行断面控制，但临界水深 $h_{k2} = 2h_{k1}$，应选何处作为断面控制？

解：由式（1-4）计算为

$$\frac{\delta_{Q_{k1}}}{\delta_{Q_{k2}}} = \frac{\dfrac{3}{2}\dfrac{\mathrm{d}h_{k1}}{h_{k1}}}{\dfrac{3}{2}\dfrac{\mathrm{d}h_{k2}}{h_{k2}}} = \frac{h_{k2}}{h_{k1}} = 2$$

即

$$\delta_{Q_{k1}} = 2\delta_{Q_{k2}} \tag{1-5}$$

由此引出推论：在河道中同时有两处河段可以进行断面控制时，断面窄深的控制灵敏度高。

（三）河槽控制

1. 控制原理

当水位流量关系要靠一段河槽所发生的阻力作用来控制，如该河段的底坡、断面形状、糙率等因素比较稳定，则水位流量关系也比较稳定。这就属于河槽控制。

2. 公式表达

天然河道中的水流近似为缓变不均匀流，其平均流速为

$$\overline{V} = \frac{1}{n}R^{2/3}S_e^{1/2} \tag{1-6}$$

$$R = \frac{\Lambda}{\chi}$$

对宽浅河道有

$$R \approx h$$

式中：n 为糙率；R 为水力半径，m；h 为断面平均水深，m；A 为河道过水断面面积，m^2；χ 为河道过水断面湿周长，m；S_e 为能面比降，对缓变不均匀流，可用水面比降 S 代替。

于是，通过断面的流量为

$$Q = A\overline{V} = A\frac{1}{n}R^{3/2}S_e^{1/2} = f_1(A, n, \overline{h}, S) = f(\Omega, n, Z, S) \tag{1-7}$$

式中：Ω 为断面形状因素，其他符号含义同前。

式（1-7）表明，天然河道决定流量大小的基本水力因素有四个：水位、断面因素、

糙率、水面比降。因此，要使水位流量关系呈单一关系，也就是使式（1-7）最终能够成为 $Q=f(Z)$，必须具备下列条件之一：

（1）当水位 Z 增加或者减小时，断面因素、糙率、水面比降均不变。

（2）当水位 Z 增加或者减小时，虽然断面因素、糙率、水面比降均有变化，但它们对流量大小的影响作用恰好互相补偿。

【思考题 1-2】　上述两种情况中，哪一种比较容易发生？给出理由。

3. 灵敏度

取宽浅河道，水深 h 取断面平均水深 $\bar{h}$，则

$$A=B\bar{h}$$

$$Q=A\bar{V}=\left(\frac{1}{n}BS^{1/2}\right)\bar{h}^{5/3} \qquad (1-8)$$

同断面控制灵敏度的推求相同，最后为

$$\delta_Q=\frac{5}{3}\delta_h$$

三、水文测站设立

水文测站的设立就是在测验河段，根据现场勘测调查结果，利用河段地形图、水流平面图等，合理确定各种横断面，并设立相应测量标志，设置水准点，引测其高程，设立水位观测设备、测流渡河设备等。

这里只介绍一般河道站的断面、基线布设等内容。对水库站、堰闸站的设立，参考《水文测验手册》。

（一）设立内容

（1）埋设水准点，并引测其高程。水准点分为基本水准点和校核水准点，均应设在基岩或稳定的永久性建筑物上，也可埋设于土中的石柱或混凝土桩上。前者是测定测站上各种高程的基本依据，后者是经常用来校核水尺零点的高程。

（2）测量河段地形。

（3）绘制地形图和水流平面图。

（4）依据地形图和水流平面图确定断面布设方向。

（5）布设测验断面、基线、高程基点、各种测量标志。

（6）设立各种观测设备（水位、流量等）。

（7）填写测站考证簿。

（二）断面布设

1. 基本水尺断面

经常观测水文测站水位而设置的断面称为基本水尺断面。它一般设在测验河段的中央水位流量关系较好的断面上，大致垂直于流向。

2. 流速仪测流断面

流速仪测流断面应与基本水尺断面重合，且与断面平均流向垂直。若不能重合时，亦

不能相距过远。

3. 浮标测流断面

浮标测流断面有上、中、下 3 个断面，一般中断面应与流速仪测流断面重合。上、下断面之间的间距不宜太短，其距离应为断面最大流速的 50～80 倍。

4. 比降测流断面

比降断面设立比降水尺，用来观测河流的水面比降和分析河床的糙率。上、下比降断面间的河底和水面比降，不应有明显的转折，其间距应使得所测比降的误差能在 $\pm 15\%$ 以内。

（三）基线布设

在测验河段进行水文测验时，为用测角交会法推求测验垂线在断面上的位置（距起点 L）而在岸上布设的线段，称为基线（图 1-4）。

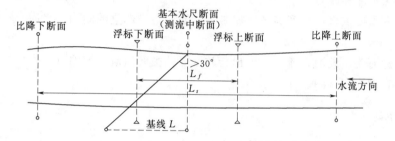

图 1-4　水文测站基线、断面布设示意图

基线宜垂直于测流横断面；基线的起点应在测流断面线上。

从测定起点距的精度出发，基线的长度应使测角仪器瞄准测流断面上最远点的方向线与横断面线的夹角不小于 $30°$（即应使基线长度 L 不小于河宽 B 的 0.6 倍）；在受地形限制的个别情况下，基线长度最短也应使其夹角大于 $15°$。

基线的长度及丈量误差，都直接影响断面测量精度，间接影响到流沙率、输沙率测验的精度。因此，基线除要求有一定长度外，基线长度的丈量误差不得大于 1/1500。视河宽 B 而定，一般应为 0.6B。在受地形限制的情况下，基线长度最短也应为 0.3B。基线长度的丈量误差不得大于 1/1000。

图 1-4 是水义测站基线、断面布设示意图。

第四节　水质监测站的设立

水质监测站是进行水环境监测采样和现场测定，定期收集和提供水质、水量等水环境资料的基本单元，可由一个或多个采样断面或采样点组成。

一、设立原则

1. 源头背景水质站

应设置在各水系上游，接近源头且未受人为活动影响的河段。

2. 干、支流水质站

应设置在下列水域、区域。

(1) 干流控制河段，包括主要一、二级支流汇入处、重要水源地和主要退水区。

(2) 大中城市河段、主要城市河段和工矿企业集中区。

(3) 已建或将建大型水利设施河段，大型灌区或引水工程渠首处。

(4) 入海河口水域。

(5) 不同水文地质或植被区、土壤盐碱化区、地方病发病区、地球化学异常区、总矿化度或总硬度变化率超过 50% 的地区。

3. 湖泊（水库）水质站

应按下列原则设置。

(1) 面积大于 $100km^2$ 的湖泊。

(2) 梯级水库和库容大于 1 亿 m^3 的水库。

(3) 具有重要供水、水产养殖、旅游等功能或污染严重的湖泊（水库）。

4. 界河（湖、库）水质站

重要国际河流、湖泊，流入、流出行政区界的主要河流、湖泊（水库）以及水环境敏感水域，应布设界河（湖、库）水质站。

二、分类

根据目的与作用，水质站可分为以下几种。

(1) 基本站是为水资源开发、利用与保护提供水质、水量基本资料，并与水文站、雨量站、地下水水位观测井等统一规划设置的站。基本站应保持相对稳定，其监测项目与频次应满足水环境质量评价和水资源开发、利用与保护的基本要求。基本站长期掌握水系水质变化动态，搜集和积累水质基本信息。

(2) 辅助站是配合基本站，进一步掌握污染状况的。

(3) 专用站是为某种特定目的提供服务而设置的站，其采样断面（点）布设、监测项目与频次等视设站目的而定。

(4) 背景站（又称本底站）是用于确定水系自然基本底值（即未受人为直接污染影响的水体质量状况）。

(5) 水污染流动监测站是将监测仪器、采样装置以及用于数据处理的计算机等安装在适当的运载工具上的流动性监测设施，如水污染监测车（或船）。它具有灵活机动且监测项目比较齐全的优点。

按水体类型，水质站可分为地表水水质站、地下水水质站与大气降水水质站等。

设置水质站前，应调查并收集本地区有关基本资料，如水质、水量、地质、地理、工业、城市规划布局、主要污染源与入河排污口以及水利工程和水产等，用作设置具有代表性水质站的依据。

三、存在的问题

我国的水质监测站仍有较大不足。主要表现有以下几个方面。

（1）水质自动监测站数量较少，缺乏自动测报能力。水质监测信息主要依附于实验室，无法获得对重点水功能区水质监测的实时数据。而美国，新设备、新技术已普遍应用于水质水量的自动监测，如水质自动监测设备（多参数）以及采用 GSM 进行数据通信的水质自动测报系统等。国内虽有且已达到国际水平的水质自动监测系统（如黄河花园口配置的 XHWS-90A 型地表水质连续自动监测系统），但数量较少。

（2）移动水质分析实验室配备数量太少，机动监测能力不足，掌握突发性水污染事故能力差。而国外在完善实验室监测的同时，水质移动监测设备已得到了较大的发展。

（3）部分水质监测中心的采样能力不足，监测频率低，水质监测实验室的监测设备老化，大型分析仪器配备不平衡，不适应水质监测管理的要求。

（4）水质监测站点多以掌握地表水水资源质量功能为主，缺乏对地下水、大气降水的监测。并且部分区域水质监测站点总数少于功能区数量，地域分布不均匀、布局不合理。水质信息没有统一联网，共享程度差。

随着水污染的日益严重，在国内建设水资源监测和信息采集系统时，应针对区域水资源具体特点，因地制宜，全面统一地对水文、水质进行监测，以实现流域或区域水资源的统一管理，提高水资源管理的效果。

第五节　水文信息的收集途径

按水文信息采集工作方式的不同，收集水文信息的基本途径可分为驻测、巡测、间测以及水文调查和水质调查。

一、驻测

1. 定义

水文观测人员常驻河流或流域内的固定点上对水文、水质要素所进行的观测，这是我国收集水信息的最基本方式。

2. 缺点

驻测的缺点是用人多、站点不足、效益低等。

二、巡测

1. 定义

水文观测人员以巡回流动的方式定期或不定期地对一地区或流域内各观测点进行流量等水文、水质要素的观测。

2. 缺点

巡测的缺点是增加了漏测的可能性。

三、间测

1. 定义

间测是中小河流水文站有 10 年以上资料分析证明其历年水位流量关系稳定，或其变化在允许误差范围内，对其中一要素（如流量）停测一时期再施测的测停相间的测验方式。停测期间，其值由另一要素（水位）的实测值来推算。

2. 缺点

间测的缺点是适用面窄。

四、水文调查

1. 定义

水文调查是为弥补水文基本站网定位观测的不足或其他特定目的，采用勘测、调查、考证等手段进行水文信息收集的工作。

2. 缺点

水文调查的缺点是准确度不如实测信息高。

五、水质调查

1. 定义

非长期定点的水质监测及调查工作。目的是在较短时期内，获取水体污染现状（包括兴建大型水利工程所造成的影响）和危害程度的数据，寻觅和测定造成水体污染的根源，认识影响水体污染（和净化）的环境条件，揭示水体污染的发展趋势。一般都为专门任务而进行。

2. 缺点

水质调查的缺点是事后调查，有些参数无法复原。

第二章 水文信息采集

第一节 降水观测

一、概述

降水是指空气中的水汽冷凝并降落到地表的现象，主要包括两部分：一部分是大气中水汽直接在地面或地物表面及低空的凝结物，如霜、露、雾和雾凇，又称为水平降水；另一部分是从空中降落到地面上的水汽凝结物，如雨、雪、霰雹和雨凇等，又称为垂直降水。但是单纯的霜、露、雾和雾凇等，不作降水量处理。中国国家气象局《地面气象观测规范》规定，降水量仅指的是垂直降水，水平降水不作为降水量处理，发生降水不一定有降水量，只有有效降水才有降水量。一天之内降水量 10mm 以下为小雨，10～25mm 为中雨，25mm 以上为大雨，50mm 以上降水为暴雨（豪雨），100mm 以上为大暴雨（大豪雨），200mm 以上为特大暴雨。

为更好地服务于防汛抗旱、水资源管理等，开展降水观测，获得降水最原始的资料，对于工农业生产、水利开发、江河防洪和工程管理等具有重要作用。

二、雨量站布设及降水量观测场地

1. 站地布设

降水量观测是水文要素观测的重要组成部分。降水量观测站点的布设是根据各流域的气候、水文特征和自然地理条件所划分成的不同水文分区，在水文分区内布设降水量观测站点。该站点的布设应能控制月、年降水量和暴雨特征值在大范围内的分布规律以及暴雨的时空变化，以满足水资源评估调度及涉水工程规划、洪水和旱情监测预报，降水径流关系的确定等使用要求。

（1）降水量观测站网的布设不能按行政区划进行布设。

（2）雨量站网的布设密度按《水文站网规划技术导则》（SL 34—2013）执行。

（3）雨量站应长期稳定。

（4）降水量观测资料应进行整编后作为水文年鉴的重要组成内容长期存档。

（5）降水量观测场地的查勘工作应由有经验的技术人员进行。

（6）查勘前应了解设站目的，收集设站地区自然地理环境、交通和通信等资料，并结合地形图确定查勘范围，做好查勘设站的各项准备工作。

观测场地环境的要求如下：

降水量观测误差受风的影响最大。因此，观测场地应避开强风区，其周围应空旷、平坦、不受突变地形、树木和建筑物以及烟尘的影响。观测场地不能完全避开建筑物、树木等障碍物的影响时，雨量计离开障碍物边缘的距离不应小于障碍物顶部与仪器高差的 2 倍，如图 2-1 所示。在山区，观测场不宜设在陡坡上、峡谷内和风口处，应选择相对平坦的场地，使承雨器口至山顶的仰角不大于 30°，如图 2-2 所示。难以找到符合上述要求的观测场时，可设置杆式雨量器。杆式雨量器应设置在当地雨期常年盛行风向的障碍物的侧风区，杆位离开障碍物边缘的距离不应小于障碍物高度的 1.5 倍。在多风的高山、出山口、近海岸地区的雨量站，不宜设置杆式雨量器。当原有观测场地如受各种建筑影响已经不符合要求时，应重新选择。在城镇、人口稠密等地区设置的专用雨量站，观测场选择可适当放宽。

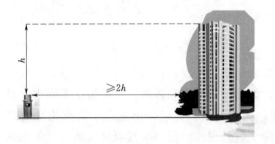

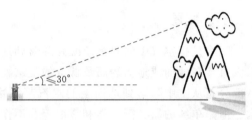

图 2-1　雨量器与障碍物距离示意图　　　　图 2-2　承雨口与山顶夹角示意图

此外，还需进行观测场地查勘。查勘范围为 2～3km²。主要内容包括：地貌特征，障碍物分布，河流、湖泊、上游高程的分布，地形高差及其下游高程，森林、农作物分布，气候特征、降水和气温的年内变化及其地区分布，雪和结冰融冰的大致日期，常年风向风力及狂风暴雨、冰雹等情况，当地河流、村庄名称和交通、邮电通信条件等。

2. 降水量观测场地

除试验和比测需要外，观测场最多设置两套不同观测设备。仅设一台雨量计时，观测场地面积为 4m×4m；同时设置雨量器和自记雨量计时面积为 4m×6m；如试验和比测需要，雨量计上加防风圈测雪及设置测雪板，或设置地面雨量计的雨量站。如图 2-3 所示。应根据需要或《水面蒸发观测规范》（SL 630—2013）的规定加大观测场地面积。

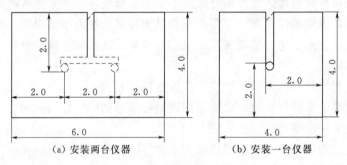

（a）安装两台仪器　　　　　　　　（b）安装一台仪器

图 2-3　降水量观测场平面布置图（单位：m）

（1）观测场地应平整，地面种草或作物其高度不宜超过 20cm。

（2）防护场内铺设观测人行小路栅栏条的疏密以不阻滞空气流通又能削弱通过观测场的风力为准。

（3）多雪地区还应考虑在近地面不致形成雪堆，有条件的地区可利用灌木防护栏栅或灌木的高度一般为1.2～1.5m，并应常年保持一定的高度，杆式雨量器计可在其周围半径为1.0m的范围内设置栏栅防护。

（4）观测场内的仪器安置要使仪器相互不受影响，观测场内的小路及门的设置方向要便于进行观测工作。

3. 场地保护

在观测场四周按前面规定的障碍物距仪器最小限制距离内，属于保护范围，不应兴建建筑物，不应栽种树木和高秆植物。应保持观测场内平整清洁，经常清除杂物杂草。对有可能积水的场地，应在场地周围开挖窄浅排水沟，以防观测场内积水。保持栏栅完整、牢固，定期上漆，及时更换被损的栏栅。

三、仪器及观测

降水量观测仪器按传感原理分类，常用的雨量计可分为雨量器、虹吸式雨量计、翻斗式雨量计（单翻斗和双翻斗）等传统雨量计，目前还有采用新技术的光学雨量计和雷达雨量计。

降水量用雨量计或雨量器测定，以mm为单位。每日8时观测一次，有降水之日应在20时巡视仪器运行情况，暴雨时适当增加巡测次数，以便及时发现和排除故障，防止漏记降雨过程。

（一）雨量器

雨量器一般指人工测量的人工雨量计，常见的雨量器外壳是金属圆筒，分上下两节，上节是一个口径为20cm的盛水漏斗，为防止雨水溅失，保持容器口面积和形状，筒口用坚硬铜质做成内直外斜的刀刃状；下节筒内放一个储水瓶用来收集雨水。测量时，将雨水倒入特制的雨量杯内读出降水量毫米数。降雪季节将储水瓶取出，换上不带漏斗的筒口，雪花可直接收集在雨量筒内，待雪融化后再读数。

1. 雨量器

雨量器由承水器、漏斗、储水筒（外筒）、储水瓶组成，承水口内径为200mm，并配有与其口径成比例的专用量杯，分辨率为0.1mm。安装时器口距地面距离一般为70cm，如图2-4所示。

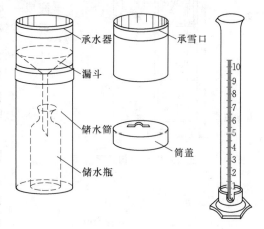

图2-4 雨量器构造示意图

2. 人工雨量器观测

日雨量观测中，主要分为24段（1h一次）、8段（3h一次）、4段（6h一次）及1段（24h一次）等，见表2-1。日雨量的统计有20时至次日20时和8时至次日8时两种方法。目前，我国日雨量一般以8时至次日8时为主，代表前一天的雨量。

段次	观　测　时　间							
1 段	8 时							
2 段	20 时	8 时						
4 段	14 时	20 时	2 时	8 时				
8 段	11 时	14 时	17 时	20 时	23 时	2 时	5 时	8 时
12 段	10 时	12 时	14 时	16 时	18 时	20 时	22 时	24 时
24 段	从本日 9 时至次日 8 时，每小时观测一次							

表 2-1　　　　　　　　　　降雨量分段次观测时间表

（二）虹吸式雨量计

虹吸式雨量计能连续记录液体降水量和降水时数，从降水记录上还可以了解降水强度。可用来测定降水强度和降水起止时间，适用于气象台（站）、水文站、农业、林业等有关单位。

1. 虹吸式雨量计

（1）主要构造。由承雨器、小漏斗、虹吸管、自记笔、浮子、储水瓶和外壳等部分组成，如图 2-5 所示。

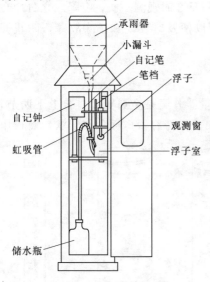

图 2-5　虹吸式雨量计构造示意图

其工作原理为在承雨器下有一浮子室，室内装一浮子与上面的自记笔尖相连。雨水流入筒内，浮子随之上升，同时带动浮子杆上的自记笔上抬，在转动钟筒的自记纸上绘出一条随时间变化的降水量上升曲线。当浮子室内的水位达到虹吸管的顶部时，虹吸管便将浮子室内的雨水在短时间内迅速排出而完成一次虹吸。虹吸一次，雨量为 10mm。如果降水现象继续，则又重复上述过程。最后可以看出一次降水过程的强度变化、起止时间，并算出降水量。

（2）技术参数。

1）记录纸分度范围：0.1～10mm。

2）降雨强度记录范围：0.01～4mm/min。

3）自记纸上雨量最小分度：0.1mm。

4）时间最小分度：10min。

5）承水口内径：φ200mm。

6）测量范围：0～10mm。

7）降雨强度：0～4mm/min。

8）全程记录时间：24h。

9）走时误差：±5min(24h)。

10）记录误差：±0.05mm。

11）尺寸：φ350mm×1182mm。

（3）安装与调试。虹吸式雨量计的安装，先将浮子室安好，使进水管刚好在承雨器漏

22

斗的下端，再用螺钉将浮子室固定在座板上，将装好自记纸的钟筒套入钟轴，最后把虹吸管插入浮子室的测管内，用连接螺帽固定。虹吸式雨量计的调试使用前应对其零点和虹吸点进行检查。首先调整零点，往盛水器里倒水，直到虹吸管排水为止，观察自记笔是否停在自记值零线上。往承雨器加注 10mm 清水，注意自记笔尖移动是否灵活。继续将水注入承雨器，检查虹吸管位置是否正常。以上几点都很重要，若安装维护不当会使降水资料产生误差，影响降水记录的准确性、代表性、比较性。

（4）安装注意事项。

1）安装时力求细致、轻巧、娴熟，用力均匀，避免碰撞、振荡。

2）承雨器下端口与浮子室进水管口位置调整适宜，勿使水流斜冲进水管口，以防强降水时形成漩涡，卷入气泡被压进浮子室，引起提前虹吸。

3）浮子室底部、顶盖水平，顶部直柱与浮子直杆平行，浮子直杆、浮子室顶盖中间小孔、导向支架栋梁孔在一条直线上。调试后固定好笔杆根部螺钉，确保长时间运行不松动。

4）严格按规范要求上纸，一定将压纸夹压紧，自记纸受潮易鼓起，严重时，挡开笔杆，笔尖脱离自记纸，迹线中断。自记钟底部保持水平，钟筒应垂直。

5）浮子室侧管与虹吸管衔接紧密，不可漏水漏气。

（5）常见故障原因及解决方法。

1）笔尖脱离钟筒。原因是笔尖对纸的压力过低。应先拨开笔档，调整笔杆根部的螺丝或改变笔杆架子的倾斜度，然后拨回笔档，看笔尖是否能够正常回位。如果仍不能正常回位，一般是由笔杆根部与轴承的连接部分太脏或锈蚀现象造成的。应先清洗后涂抹机油，使其润滑直至笔尖回位。

2）虹吸提前、落后或虹吸不尽。

a. 虹吸管或笔尖变位，应先调整虹吸管的零位，再固定好连接螺帽。

b. 虹吸管不合格，在上次虹吸后，水体在虹吸管弯曲处分向两边，使出水口端存水，进水口端被水淹没，管内形成半真空状态，如遇大雨极易提前虹吸，这种情况应立即更换虹吸管。

c. 虹吸管尾部较短，可能使虹吸变慢，造成虹吸不尽，由于虹吸的快慢取决于吸管的粗细和长度，所以可采用套上一小段胶管的方法，增大虹吸作用时水柱的压力差，达到虹吸畅通的目的。

d. 虹吸管直径较小，可采用一根细铜丝深入到虹吸管内引水，使游离在虹吸管内的水珠或水沿铜丝漏出，同时也可以用上面加套胶管的方法处理；虹吸管的弯曲处曲率偏小，直径过大，水柱上升到弯曲处顺着管壁下流，主要是由于虹吸管的质量有问题，最好将虹吸管换掉。

e. 浮子室有漏气现象，应堵塞浮子室漏隙处。

f. 浮子室顶盖排气孔被堵，应定期检查顶盖上的排气孔是否堵住。

g. 机械部分摩擦过大，水的浮力不能将浮子托起，或虹吸管内壁污垢过多或有昆虫结集，可采取相应的除锈、去污、保持虹吸管弯曲处顺畅等措施加以消除。

3）笔尖上升到一定高度后不虹吸。在人工加水或雨大时能够正常虹吸，但降水小时则在 10mm 线处划平线而不虹吸，这种故障现象的特点是上升到虹吸高度处的雨水缓慢地沿虹吸管内壁溢出，使虹吸管不虹吸，一直划平线。造成这一现象的主要原因及解决方法如下：

a. 虹吸管与浮子室侧管有较大的空隙，浮子室的水从空隙处漏出，可检查虹吸管与侧管接口处的橡皮圈是否变质，如已变质，应更换；虹吸管与连接螺帽处漏气，判别方法是在虹吸时，虹吸管内有气泡出现，可用万能胶涂于缝隙处，待其干后即能正常使用。

b. 浮子直杆与支架直柱接触部分的摩擦较大，直杆被卡住不能下降，可卸下机械部分加以清洗，直杆、直柱变曲时要及时校直，在接触处涂上少许的润滑油；虹吸管内壁有油污，判别方法是内壁沾水后水滴迅速向四周扩散，可用细铁丝一端绕有脱脂棉，一头穿过并轻拉，使脱脂棉经过虹吸管内壁，管内异物得以清除。如果管内壁沾水后附水均匀，证明已无油污。

c. 门盖不严，风吹向虹吸管口，产生从管口向上的压力，可在每次观测后将雨量计门盖关严。

4）实测降水量与自记纸读数差值较大。

除与实测降水量读数有误有关以外，还可能存在以下情况：一是浮子室漏水，使浮子室内水量减少，可更换浮子室；二是小漏斗以下细管处有异物堵塞，当遇大雨时，降水不能全部进入浮子室而从小漏斗溢出，可取下浮子室，对堵塞处进行疏通，并对浮子室进行清洗；三是浮子进水，当浮子室内水升高时，浮子却不能相应的上升，从而造成记录不准确，这种情况应更换浮子。

5）无降水时出现迹线上升。造成这种现象的原因主要是：一是雾、露、霜造成迹线上升，在天气现象消失后，迹线不会下降，出现这种情况，如果迹线上升达到或超过0.05mm，则必须在自记纸背注明；二是上纸不规范，例如雨量纸下端没靠紧钟筒下沿，自记纸没有紧贴钟筒而有隆起现象。迹线只在自记纸没有靠近钟沿或隆起的地方上升，走过该段后，迹线又下降为正常，因此上纸一定要规范，在使用过程中发现自记纸受潮隆起应取下重上；三是钟筒下的齿轮衔接部分的故障，使得钟筒不水平，迹线每天都在固定时刻上升或下降，可更换钟筒或底座齿轮。

6）笔尖在上升过程中有停滞现象。在加水或降水时，笔尖上升过程中有停滞现象。其原因及解决方法如下：一是笔尖与自记纸间的摩擦力过大，应先查看是否为笔尖压力过大造成，如果是压力过大，则需调整笔尖压力；如果为笔尖尖锐造成，则更换笔尖或取下笔尖，在细石上把笔尖磨滑后再装上。二是浮子筒直杆与各孔洞间的摩擦过大，这种情况下可在直杆与孔洞间打润滑油，使其运动灵活。

7）记录迹线下降。除自然蒸发和上纸不规范外，还有如下情况，一是浮子中途进水，重量加重，这种情况必须立即更换浮子；二是浮子室放水螺丝处漏水，浮子室水量减少，此时，需拧紧放水螺丝，如果是橡皮垫圈老化或破裂，应立即更换；三是虹吸管与固定螺帽处漏水，这种情况只在浮子室内的水位上升到某个位置后，迹线才会出现下降现象，此时可更换橡皮垫圈。

8）断线或成梯形迹线。此故障原因大多是仪器接触不良所致，如笔尖压力不匀、机械部分摩擦过大、钟筒不垂直，以及浮子室内部太脏等。

2. 虹吸式雨量计观测

（1）观测程序。

1）观测前的准备。在记录纸正面填写观测日期和月份，背面印上降水量观测记录统计表。洗净量雨杯和备用储水器。图 2-6 为虹吸式雨量计观测记录纸一部分。

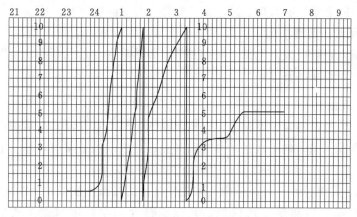

图 2-6　虹吸式雨量计观测记录纸

2）每日 8 时观测员提前到自记雨量计处，当时钟的时针运转至 8 时正点时，记录笔尖所在位置，在记录纸零线上划一短垂线，或轻轻上下移动自记笔尖划作为检查自记钟快慢的时间记号。

3）用笔挡将自记笔拨离纸面，换装记录纸。给笔尖加墨水，上紧自记钟发条，转动钟筒，拨回笔档时，在记录笔开始记录时间处划时间记号。有降雨之日，应在 20 时巡视仪器时，在 20 时记录笔尖所在位置的划时间记号。

4）换纸时无雨或降小雨，应在换纸前，注入一定量清水，使其发生人工虹吸，检查注入量与记录量之差是否在 ±0.05mm 以内，虹吸历时是否小于 14s，虹吸作用是否正常，检查或调整合格后才能换纸。

5）自然虹吸水量观测。

a. 每日 8 时观测时，若有自然虹吸水量，应更换储水器，然后在室内用量雨杯测量储水器内降水，并将该日降水量观测记录记载在统计表中，记录表见表 2-2。

表 2-2　　　　　　　　　　日降水量观测记录统计表

	＿＿＿＿年＿＿月＿＿日 8 时至＿＿＿日 8 时降水量观测记录统计表	
（1）	自然排水量（储水器内水量）=	mm
（2）	记录纸上查得的日降水量=	mm
（3）	计数器累计的日降水量=	mm
（4）	订正量=（1）-（2）或=（1）-（3）=	mm
（5）	日降雨量=	mm
（6）	时钟误差 8 时至 20 时　　分　　　　20 时至 8 时　　　分	

b. 暴雨时，估计降雨量有可能溢出储水器时，应及时用备用储水器更换测记。

（2）注意事项。

1）换装钟筒上的记录纸，其底边必须与钟筒下缘对齐，纸面平整，纸头纸尾的纵横坐标衔接。

2）连续无雨或日降雨量小于5mm时，一般不换纸，可在8时观测时，向承雨器注入清水，使笔尖升高至5mm处开始记录，但每张记录纸连续使用日数一般不超过5日，并应在各日记录线的末端注明日期，降水量记录发生自然虹吸之日，应换纸。

3）8时换纸时，若遇大雨，可等到雨小或雨停时换纸。若记录笔尖已到达记录纸末端，雨强还是很大，则应拨开笔挡，转动钟筒，转动笔尖越过压纸条，将笔尖对准时间坐标线继续记录，等雨强小时才换纸。

(三) 翻斗式雨量计

翻斗式雨量计是由感应器及信号记录器组成的遥测雨量仪器，可用于水文、气象部门测量自然界降水量，同时将降水量转换为以开关形式表示的数字信息量输出，以满足信息传输、处理、记录和显示等的需要。国内首先研制成功的0.2mm（JDZ02型）、0.5mm（JDZ05型）翻斗式雨量计，可用于国家水文、气象站网雨量数据长期收集的雨量传感器。翻斗式雨量计是降水量测量一次仪表，其性能符合国家标准《翻斗式雨量计》（GB/T 11832—2002）和国家标准《水文测报装置遥测雨量计》（GB/T 11831—2002）相关要求。

翻斗式雨量计自动化程度高，获取降水量的及时性强，降雨量资料易于保存和传输，因此应用广泛。此外，翻斗式雨量计适合于数字化方法，对自动天气站特别方便。

1. 主要构造

翻斗式雨量计主要由承雨口、滤网、一体化支架、引水漏斗、一体化上翻斗组件、翻斗、翻斗支承、倾角调节装置、水平调节装置、恒磁钢、干簧管、信号输出端子、排水漏斗、底座、不锈钢筒身、底座支承脚等组成，如图2-7所示。图2-8为国内JDZ02型翻斗式雨量计。

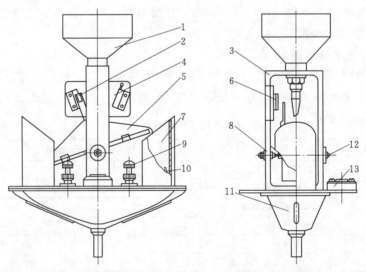

图 2-7　翻斗式雨量计构造示意图

1—进水漏斗；2—磁钢；3—支架；4—舌簧板；5—翻斗；6—干簧管；7—挡水墙；
8—后轴套；9—调节螺钉；10—挡水片；11—大漏斗；12—前轴套；13—圆水泡

2. 技术参数

承雨口径：φ200。

刃口锐角：40°～45°。

分辨力：0.1mm、0.2mm、0.5mm、1mm 可选。

测量准确度：≤±3％。

雨强范围：0.01～4mm/min（允许通过最大雨强 8mm/min）。

发信方式：双触点通断信号输出。

环境温度：0～50℃。

相对湿度：<95％（40℃）。

尺寸重量：φ216×410，2.2kg。

图 2-8　JDZ02 型翻斗式雨量计

3. 工作原理

雨水由最上端的承水口进入承水器，落入接水漏斗，经漏斗口流入翻斗，当积水量达到一定高度（如 0.1mm）时，翻斗失去平衡翻倒，翻斗倾于一侧把雨水全部泼掉，另一翻斗则处于进水状态。每次翻转将发出一个脉冲信号，记录器控制自记笔将雨量记录下来，由记录设备记下这些信号并换算为降水量，如此往复即可将降雨过程测量下来。

4. 注意事项

（1）定时用专用清洗笔清理接雨口，防止杂物堵住。

（2）仪器放置在室内，或在野外工作确信无雨天气时，为防止尘土落入接雨器，可用筒盖将器口遮蔽。

（3）翻斗部件支承轴的轴向工作游隙应经常检查，太大或太小都将影响翻斗部件的正常工作。两个圆柱头固定螺钉应注意固紧，以免仪器工作失常。

5. 误差分析

翻斗式雨量计产生误差的主要原因有两个：一是计量翻斗倾角偏大所致；二是计量翻斗和上翻斗的转动频率所致。这两种皆是因为雨水的在测量过程中，有部分外流失不在计数范围内，而导致出现测量误差的原因。另外，雨滴落下打在承雨口而溅起的水滴和降雨时的蒸发等也是产生误差的因素。某翻斗式雨量计误差关系见图 2-9。

在翻斗式雨量计进行雨量测量时，唯一变化的是计量翻斗的量程，但当我们对其调试完成后其量程便是固定的，在计量翻斗进行一次计数的过程中，在翻转过程中，漏斗中如果还有余留雨水，此部分雨水视为无效，不在计数之内，这就导致最终的测量结果偏小。那么，解决这个问题就必须使计量翻斗的翻转角即倾角达到最小或者在计量翻斗翻转过程中，保证漏斗中没有余留的雨水，即保证上翻斗与计量翻斗的四个蓄水斗量程一致。但计量翻斗的倾角是不可避免的，所以只能利用后者来减小误差，而此过程需在调试时解决，必须使上翻斗翻转一次所通过的雨水仅且使计量翻斗刚好翻

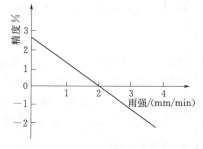

图 2-9　某翻斗式雨量计误差关系

转，这个阶段调试完毕后，则可使计量翻斗在翻转过程中不会流失雨水。

在某个调试点，调试完毕并保证上翻斗和计量翻斗上下一致后，在不同雨强情况下的测量过程中，依然会出现计量翻斗翻转时漏斗中存有少量雨水的现象，这将导致测量结果偏小的现象。翻斗式雨量计中漏斗起缓冲作用，即保证通过节流管的雨水流速稳定，所以通过节流管雨水的流速在一定程度上是固定不变的，而上翻斗翻转的频率跟雨强的大小成正比，所以，当上翻斗翻转频率高于计量翻斗翻转的频率时，即节流管雨水的流速致使计量翻斗所达到的频率跟不上前者的频率，就会出现雨水流失现象。由此可知，必须保证计量翻斗的翻转频率不低于上翻斗的翻转频率，才能得到更加有效的测量结果。所以，在低雨强情况下调试的仪器，在高雨强中就会出现测量结果比被试测量点小很多的现象，甚至使仪器检定为不合格；在高雨强情况下调试的仪器，因为已经规避了上翻斗翻转频率高于计量翻斗的翻转频率，因为人工调试不够精确，虽然测量结果也会有误差，但能够保证在误差范围之内，而且其结果会随着雨强的降低而偏大，原因在于上翻斗翻转频率的减小，能够充分保证漏斗中不出现存水现象。

6. 改进方法

出现误差的原因是计量翻斗的翻转频率小于上翻斗的翻转频率，导致一部分雨水流失不在计算范围内。对此我们可以从两个方面来改进避免。一是在调试阶段的时候，以高雨强为调试点并保证上下翻转频率一致，这样即使测量结果上下有波动，也不会超出误差允许范围；二是改进翻斗式雨量计的设计，增加一个挡流器，使其和计量漏斗同轴同转，以达到在计量漏斗翻转时挡住节流管，阻止雨水流失。这样既可提高仪器的精确度，也可以在一定程度上减小人工调试带来的误差，但是加工难度和成本会有所提高。

7. 特点和应用

翻斗雨量计是雨量自动测量的首选仪器。它具有如下优点。

（1）结构简单，易于使用。工作原理简单直观，很容易理解掌握，方便使用，也便于推广。

（2）性能稳定，满足规范要求。我国的遥测雨量计要求是根据翻斗雨量计的性能来确定的，其技术性能能满足雨量观测规范和水情自动测报系统对遥测雨量计的要求。

（3）信号输出简单，适合自动化、数字化处理。它输出的是触点开关状态，很容易被各种自动化设备接收处理。

（4）价格低廉，易于维护。翻斗雨量计可以应用于绝大多数场合。因结构上的原因，这类传感器的可动部件翻斗必须和雨水接触，整个仪器更是暴露在风雨之中，夹带尘土的雨水，或是沙尘影响，将会影响翻斗雨量计的正常工作，或是降低其雨量测量的准确性。

（四）遥测雨量站

遥测雨量站也叫自动雨量站，由数据采集仪、雨量传感器、上位机软件、通信单元及供电系统等部分构成的综合观测仪器。如图2-10所示。可用于测量并记录雨量、水位等信息，具有抗干扰能力强，全户外设计，测量精度高，存储容量大，全自动无人值守，运行稳定等特点，适用于气象、水利、水文、农业、环保、建筑等行业。遥测雨量站雨量传感器一般使用翻斗雨量传感器，如图2-11所示为翻斗式的雨量传感器。

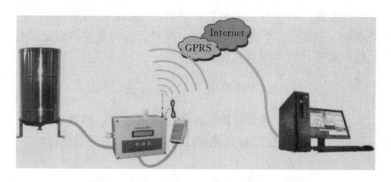

图 2-10 遥测雨量站图

1. 工作原理

自动雨量站由翻斗式雨量传感器，雨量微电脑采集器和 GPRS 无线数传模块构成，雨量微电脑采集器具有雨量显示，自动记录，实时时钟，历史数据纪录，超限报警和数据通信等功能。翻斗式雨量传感器得到的雨量电信号传输到雨量微电脑采集器，雨量微电脑采集器将采集到的雨量值通过 RS232 串口传输给 GPRS 数传模块，再传送给数据中心计算机。

2. 技术参数

测量范围：$0 \sim 4mm/min$（可在 $<8mm/min$ 条件下正常工作）。

图 2-11 翻斗式的雨量传感器

测量误差：$\pm 3\%$（测试雨强 $2mm/min$）。

分辨率：$0.2mm$。

工作温度：$0 \sim 80℃$（传感器），$-40 \sim 80℃$（记录仪）。

承水口径：$\phi 200mm + 0.6mm$。

外刃口角度 $45°$。

3. ZJ. YDJ-01 型水联网智能遥测终端机

ZJ. YDJ-01 型水联网智能遥测终端机 2011 年通过"水利部新产品鉴定"，并入选《水利先进实用技术推广指导目录》。可应用于水雨情测报、水资源监控、山洪灾害预警等多个领域。该产品融合了物联网技术、智能传感技术、M2M 技术以及数字成像技术等多种先进科技。采用嵌入式微处理器通过移动无线网络，实现传感器与远程监控中心之间的双向数据传输设备。

为保证数据信息的可靠性，终端机可实现中心数据同步传输，并采用了大容量 SD 卡作为本地存储，可保存 50 年以上的数据信息和 1 个星期以上的图像信息。设备采用低功耗设计方案，可用太阳能电池板和蓄电池进行供电，方便在偏远山区安装使用。

管理功能：具有数据分级管理功能，监测点管理等功能。

采集功能：采集监测点水位、降雨量等水文数据。

通信功能：各级监测中心可分别与被授权管理的监测点进行通信。

告警功能：水位、降雨量等数据超过告警上限时，监测点主动向上级告警。

查询功能：监测系统软件可以查询各种历史记录。

存储功能：前端监测设备具备大容量数据存数功能；监测中心数据库可以记录所有历史数据。

分析功能：水位、降雨量等数据可以生成曲线及报表，供趋势分析。

扩展功能：支持通过 OPC 接口与其他系统对接。

第二节 水 位 观 测

一、水位概述

水位是指河流或其他水体的自由水面相对于某一基面的高程，其单位以米（m）表示。水位是反映水体、水流变化的重要标志，是水文测验中最基本的观测要素，是水文测站常规的观测项目。水位观测资料可以直接应用于堤防、水库、电站、堰闸、浇灌、排涝、航道、桥梁等工程的规划、设计、施工等过程中。水位是防汛抗旱斗争中的主要依据，水位资料是水库、堤防等防汛的重要资料，是防汛抢险的主要依据，是掌握水文情况和进行水文预报的依据。同时水位也是推算其他水文要素并掌握其变化过程的间接资料。在水文测验中，常用水位直接或间接地推算其他水文要素，如由水位通过水位流量关系，推求流量；通过流量推算输沙率；由水位计算水面比降等，从而确定其他水文要素的变化特征。

由此可见，在水位的观测中，依据《水位观测标准》（GB/T 50138—2010），出现问题及时排除，使观测数据准确可靠。同时还要保证水位资料的连续性，不漏测洪峰和洪峰的起涨点，对于暴涨暴落的洪水，应更加注意。

二、基面的概念

一般都以一个基本水准面为起始面，可用于计算水位和高程，这个基本水准面又称为基面。由于基本水准面的选择不同，其高程也不同，在测量工作中一般均以大地水准面作为高程基准面。大地水准面是平均海水面及其在全球延伸的水准面，在理论上讲，它是一个连续闭合曲面。但在实际中无法获得这样一个全球统一的大地水准面，各国只能以某一海滨地点的特征海水水位为准。这样的基准面也称绝对基面，另外，水文测验中除使用绝对基本面外，还设有假定基面、测站基面、冻结基面等，图 2-12 为基面示意图。

1. 绝对基面

绝对基面是将某一海滨地点平均海水面的高程定义为零的水准基面。我国各地沿用的水准高程基面有大连、大沽、黄海、废黄河口、吴淞、珠江等基面。我国于 1956 年规定以黄海（青岛）的多年平均海平面作为统一基面，其为中国第一个国家高程系统，从而结束了过去高程系统繁杂的局面。但由于计算这个基面所依据的青岛验潮站的资料系列（1950—1956 年）较短等原因，中国测绘主管部门决定重新计算黄海平均海面，以青岛验潮站 1952—1979 年的潮汐观测资料为计算依据，并用精密水准测量接测位于青岛的中华

人民共和国水准原点，得出 1985 年国家高程基准高程和 1956 年黄海高程的关系为：1985
年国家高程基准高程＝1956 年黄海高程－0.029m。1985 年国家高程基准已于 1987 年 5
月开始启用，成为全国的标准，1956 年黄海高程系同时废止。

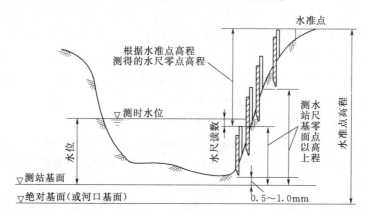

图 2-12 测站基面示意图

2. 假定基面

为计算测站水位或高程而暂时假定的水准基面。常在水文测站附近没有国家水准点，
而一时不具备接测条件的情况下使用。

3. 测站基面

测站基面是水文测站专用的一种假定的固定基面，它适用于通航的河道上，一般选为
低于历年最低水位或河床最低点以下 0.5～1.0m。测站基面表示的水位，可直接反映航道
水深，但在冲淤河流，测站基面位置很难确定，而且不便于同一河流上下游站的水位进行
比较，这也是使用测站基面时应注意的问题。

4. 冻结基面

冻结基面是水文测站专用的一种固定基面。一般测站将第一次使用的基面冻结下来，
作为冻结基面。

使用测站基面的优点是水位数字比较简单（一般不超过 10m）；使用冻结基面的优点
是使测站的水位资料与历史资料相连续。有条件的测站应使用同样的基面，以便水位资料
在防汛和水利建设、工程管理中使用。

三、水位观测的设备和方法

水位的观测设备可分为直接观测设备和间接观测设备两种。直接观测设备是传统式的水
尺。实测时，水尺上的读数加水尺零点高程即得水位。间接观测设备主要是水位计，水位计
是利用浮子、压力和声波等能提供水面涨落变化信息的原理制成的仪器。水位计能直接绘出
水位变化过程线。水位计记录的水位过程线要利用同时观测的其他项目的记录，加以检核。

（一）水尺观测

水尺分直立式、倾斜式、矮桩式和悬锤式四种，其中，直立式水尺应用最普通，其他
种类的水尺则根据地形和需要选定。

1. 直立式水尺

直立式水尺由水尺靠桩和水尺板组成。一般沿水位观测断面设置一组水尺桩，同一组的各支水尺设置在同一断面线上。使用时将水尺板固定在水尺靠桩上，构成直立水尺。水尺靠桩可采用木桩、钢管、钢筋混凝土等材料制成，水尺靠桩要求牢固，打入河底，避免发生下沉。水尺靠桩布设范围应高于测站历年最高水位、低于测站历年最低水位0.5m。水尺板通常是长1m，宽8～10cm的搪瓷板、木板或合成材料制成。水尺的刻度必须清晰，数字清楚，且数字的下边缘应放在靠近相应的刻度处。水尺的刻度一般是1cm，误差不大于0.5mm。相邻两水尺之间的水位要有一定的重合，重合范围一般要求在0.1～0.2m，当风浪大时，重合部分应增大，以保证水位连续观读。

水尺板安装后，需用四等以上水准测量的方法测定每支水尺的零点高程。在读得水尺板上的水位数值后加上该水尺的零点高程就是要观测的水位值，图2-13为直立式水尺实物图。

2. 倾斜式水尺

当测验河段内，岸边有规则平整的斜坡时，可采用此种水尺。此时，可以平整的斜坡上（在岩石或水工建筑物的斜面上），直接涂绘水尺刻度。设 ΔZ 代表直立水尺最小刻度的长度，$\Delta Z'$ 代表边坡系数为米的斜坡水尺最小刻画长度，则 $\Delta Z' = \sqrt{1+m^2}\,\Delta Z$。同直立式水尺相比，倾斜式水尺具有耐久、不易冲毁，水尺零点高程不易变动等优点，缺点是要求条件比较严格，多沙河流上，水尺刻度容易被淤泥遮盖。图2-14为倾斜式水尺实物图。

图2-13 直立式水尺

图2-14 倾斜式水尺

3. 矮桩式水尺

当受航运、流冰、浮运影响严重，不宜设立直立式水尺和倾斜式水尺的测站，可改用矮桩式水尺。矮桩式水尺由矮桩及测尺组成。矮桩的入土深度与直立式水尺的靠桩相同，桩顶一般高出河床线5～20cm，桩顶加直径为2～3cm的金属圆钉，以便放置测尺。两相邻桩顶高差宜为0.4～0.8m，平坦岸坡宜为0.2～0.4m，测尺一般用硬质木料做成。为减少壅水，测尺截面可做成菱形。观测水位时，将测尺垂直放于桩顶，读取测尺读数，加桩顶高程即得水位，如图2-15所示。

4. 悬锤式水尺

悬锤式水尺通常设置在坚固的陡岸、桥梁或水工建筑物上。它也大量被用于地下水位和大坝渗流水位的测量。由一条带有重锤的测绳或链所构成的水尺。它用于从水面以上某一已知高程的固定点测量离水面的竖直高差来计算水位。悬锤的重量应能拉直悬索，悬索的伸缩性应当很小，在使用过程中，应定期检查测索引出的有效长度与计数器或刻度盘的一致性，其误差不超过±1cm，如图 2-16 所示。

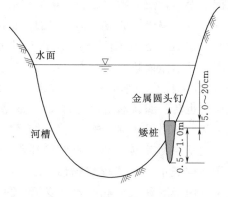

图 2-15　矮桩式水尺示意图

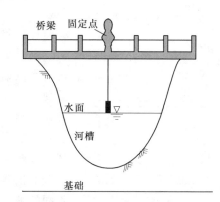

图 2-16　悬锤式水尺示意图

5. 水尺测量注意事项

水尺设置的位置必须便于观测人员接近，直接观读水位，并应避开涡流、回流、漂浮物等影响。在风浪较大的地区必要时应采用静水设施。

水尺布设范围，应高于测站历年最高、低于测站历年最低水位 0.5m。

同一组的各支基本水尺，应设置在同一断面线上。当因地形限制或其他原因必须离开同一断面线时，其最上游与最下游一支水尺之间的同时水位差不应超过 1cm。

同一组的各支比降水尺，当不能设置在同一断面线上时，偏离断面线的距离不能超过 5m，同时，任何两支水尺的顺流向距离不得超过上、下比降断面距离的 1/200。

水尺设立后，立即测定其零点高程，以便即时观测水位。使用期间水尺零点高程的校测次数，以能完全掌握水尺的变动情况，准确取得水位资料为原则：一般情况下，汛前应将所有水尺校测一次，汛后校测汛期中使用过水尺，汛期及平时发现水尺有变动迹象时，应随时校测；河流结冰的测站，应在冰期前后，校测使用过的水尺；受航运、浮运、漂浮物影响的测站，在受影响期间，应增加对使用水尺的校测次数，如水尺被撞，应立即校测；冲淤变化测站，应在河床每次发生显著变化后，校测影响范围内的水尺。

在校测水尺时，用单程仪器站数 n 作为计算往返测量不符值的控制指标，往返测量同一支水尺，零点高程允许不符值为：平坦地区用±$4\sqrt{n}$，不平坦地区用±$3\sqrt{n}$，或虽超过允许不符值，但对一般水尺小于 10mm 或对比降水尺小于 5mm 时，可采用校测前的高程。否则，采用校测后的高程，应及时查明水尺变动的原因及日期，以确定水位的改正方法。

（二）水位的间接观测设备

间接观测设备主要由感应器、传感器与记录装置三部分组成。感应水位的方式有浮子式、水压式、超声波式等多种类型。按传感距离可分为：就地自记式与远传、遥测自记式两种。按水位记录形式可分为记录纸曲线式、打字记录式、固态模块记录等。

1. 浮子式水位计

仪器以浮子感测水位变化，工作状态下，浮子、平衡锤与悬索连接牢固，悬索悬挂在水位轮的"V"形槽中。平衡锤起拉紧悬索和平衡作用，调整浮子的配重可以使浮子工作于正常吃水线上。在水位不变的情况下，浮子与平衡锤两边的力是平衡的。当水位上升时，浮子产生向上浮力，使平衡锤拉动悬索带动水位轮作顺时针方向旋转，水位编码器的显示读数增加；水位下降时，则浮子下沉，并拉动悬索带动水位轮逆时针方向旋转，水位编码器的显示器读数减小。本仪器的水位轮测量圆周长为32cm，且水位轮与编码器为同轴连接，水位轮每转一圈，编码器也转一圈，输出对应的32组数字编码。当水位上升或下降，编码器的轴就旋转一定的角度，编码器同步输出一组对应的数字编码（二进制循环码）。不同量程的仪器使用不同长度的悬索能够输出1024～4096组不同的编码，可以用于测量10～40m水位变幅，图2-17为浮子式水位计示意图。

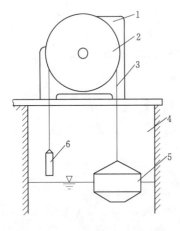

图2-17 浮子式水位计示意图
1—水位计外壳；2—水位轮；3—悬索；
4—水位井；5—浮子；6—平衡锤

2. 水压式水位计

通过测量水体的静水压力，实现水位测量的仪器称为压力式水位计。压力式水位计又分为气泡式压力水位计和压阻式两种。通过气管向水下的固定测点通气，使通气管内的气体压力和测点的静水压力平衡，从而实现了通过测量通气管内气体压力来实现水位测量，这种装置通常称之为气泡式水位计。

20世纪70年代，一种新型压力传感器迅速发展，该传感器是直接将压力传感器严格密封后置于水下测点，将其静水压力转换成电信号，用防水电缆传至岸上，再用专用仪表将电信号转换成水位值，这种水位计被称为"水下直接感压式压力水位计"又称为"压阻式压力水位计"，如图2-18所示。

压阻式压力水位计简称压力式水位计，是将扩散硅集成压阻式半导体压力传感器或压力变换器直接投入水下测点感应静水压力的水位测量装置。能用在江河、湖泊、水库及其他密度比较稳定的天然水体中，无需建造水位测井，实现水位测量和存储记录。

（1）压阻式压力水位计的组成。

压阻式压力水位计是以压力变换器作为传感器，无需恒流单元，只需增加一只低温漂移高精度的取样电阻，其他组成单元完全相同。整个装置中的编码输出可分为并行BCD码或标准的RS232或RS485串行口输出。其各单元的功能如下：

1）稳压电源。指将交流或直流供电电源转变成压力水位计工作所需要的直流电压，并使之稳定。

2）恒流源。指将输入电压变换成不随负载和输入电压变化的恒定电流输出，从而使压力水位计测量值与导线长短无关，且又能减小压力传感器的温度漂移影响。

3）压力传感器。其等效电路相当于惠斯登电桥，它将静水压力值转换成与之对应的电压信号输出或电流信号输出。

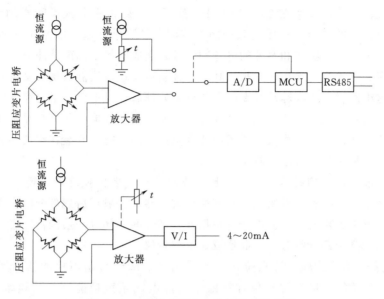

图 2-18 压阻式压力水位计组成示意图

4）信号转换器。指将压力传感器送来的电压信号或电流信号经过严格的取样、放大或衰减，使信号变成 A/D 电路所需要的电压信号。

5）A/D 单元。即模拟量到数字的转换单元，它是将静水压力对应的电压模拟量信号转换成与静水压力值对应的数字信号。

6）显示及编码。根据需要将水压力对应的数字信号转换成相应的并行 BCD 码或 RS232、RS485 串行输出。

（2）压力式水位工作原理。

相对于某一个测点而言，测点相对于该点处的高程，加上本测点实际水深即为水位。即：水位＝测点高程＋测点处的水深，测点处的水深为

$$H = p/r \qquad\qquad (2-1)$$

式中：p 为测点的静水压强，g/cm；H 为测点水深，即测点至水面距离，cm；r 为水体容重，g/cm^3。

当水体容重已知时，只要用压力传感器或压力变换器精确测量出测点的静水压强值，就可推算出对应的水位值。

常用的压力传感器多为固态压阻式压力传感器。它是采用集成电路的工艺，由于硅晶体的压阻效应，当硅应变体受到静水压力作用后，其中两个应变电阻变大，另两个应变电阻变小。气泡水位计工作原理与压阻式压力水位计相同。

3．超声波水位计

超声波水位计是一种把声学和电子技术相结合的水位测量仪器，见图 2-19。按照声波传播介质的区别可分为液介式和气介式两大类。

图 2-19 超声波水位计

声波是机械波，其频率在 20～20000Hz 范围内。可以引起人类听觉的为可闻声波；更低频率的声波叫做次声波；更高频率的声波叫做超声波。超声波水位计通过超声换能器，将具有一定频率、功能和宽度的电脉冲信号转换成同频率的声脉冲波，定向朝水面发射。此声波束到达水面后被反射回来，其中部分超声能量被换能器接收又将其转换成微弱的电信号。这组发射与接收脉冲经专门电路放大处理后，可形成一组与声波传播时间直接关联的发、收信号，根据需要，经后续处理可转换成水位数据，并进行显示或存储。

换能器安装在水中的称为液介式超声波水位计，而换能器安装在空气中的称之为气介式超声水位计，后者为非接触式测量。

（1）超声波水位计的结构与组成。超声波水位计一般由换能器、超声波发收控制部分、数据显示记录部分和电源组成。对于液介式仪器，一般把后三部分组合在一起；对于气介式仪器一般把超声发收控制部分、数据处理部分的一部分和换能器组合在一起形成超声传感器，而把其余部分组合在一起形成显示记录仪。

1）换能器。液介式超声波水位计一般采用压电陶瓷型超声换能器，其频率一般为 40～200Hz。而气介式超声波水位计一般采用静电式超声换能器，其频率一般为 40～50kHz。两者功能均是作为水位感应器件，完成声能和电能之间的相转换。为了简化机械结构设计和电路设计并减小换能器部件的体积，通常发射与接收共用一只超声换能器。

2）超声波发收控制部分。超声波发收控制部分与换能器相结合，发射并接收超声波，从而形成一组与水位直接并联的发收信号。

该部分可以采用分立元件、专用超声发收集成电路或专用超声发收模块组成。其发射部分主要功能应包括：产生一定脉宽的发射脉冲从而控制超声频率信号发生器输出信号。经放大器、升压变压后，实现将一定频率、一定持续时间的大能量正弦波信号加至换能器。接收部分主要功能应包括：从换能器两端获取回波信号，将微弱的回波信号放大再进行检波、滤波，从而实现把回波信号处理成一定幅度的脉冲信号。由于发收共用一只换能器，因此发射信号也进入接收电路，为此接收电路的输入端需要加安全措施以保护接收电路。

高性能的超声发收控制部分应具备自动增益控制电路（ACC），使近、远程回波信号经处理后能取得较为一致的幅度。

3）超声传感器。超声传感器是将换能、超声发收控制部分和数据处理部分组合在一起的部件。它既可以作为超声波水位计的传感器部件，与该水位计的显示记录相连；又可以作为一种传感器与通用型（有线或无线）数传设备相连。

（2）HW－1000C 非接触超声波水位计简介。HW－1000C 非接触超声波水位计是黄河水利委员会水文局郑州市音达新技术研究开发中心研制的新型水位计。经水利部部级鉴定，列为全国水利系统重点推广产品。

1）原理。当超声波在空气中传播遇到水面后被反射，仪器测得声波往返于传感器到水面之间的时间，根据超声波在空气中传播速度计算距离，再用传感器安装高度减去所测至水面距离即得水位。计算方法是：

$$H = \frac{1}{2}Vt \tag{2-2}$$

$$H_水 = H_传 - H \qquad (2-3)$$
$$V = 331.45 + 0.61T \qquad (2-4)$$

式中：H 为传感器到水面之间距离；$H_水$ 为水面高度；$H_传$ 为传感器安装高度；T 为气温；t 为声波往返时间。

由于超声波在空气中的传播速度是温度的函数，正确的修正波速是保证测量精度的关键，为此 HW-1000C 非接触超声波水位计，采用温度实时修正方法实现声波校准，以使测量精度达到规范要求。

2）功能。

a. 根据测量时间间隔，自动进行水位测量、数据传输。

b. 室内设备具有汉字功能提示、显示水位数据、固态存储、历史水位查询、各种参数设置。

c. 备有 RS232、RS485、TTL 电平、电流环、420mA 模拟量等多路输出接口。

d. 兼容国内多家数传设备，可以方便的组成水情自动测报网。

3）用途。

a. 河流、明渠水位自动监测。

b. 水库坝前、坝下尾水水位监测，拦物栅压差监测。

c. 调压塔水位监测。

d. 潮水位自动监测系统。

e. 城市供水、排污水位监测系统。

4）主要特点。

a. 在水位测量过程中没有任何部件接触水体，实现非接触测量。

b. 不受高速水流冲击，不受水面漂浮物的缠绕、堵塞或撞击以及水质电化反应的影响。

c. 设备安装不需建造水位计台，基建投资小。

d. 设备无运动部件，不会因部件磨损锈蚀而产生故障，寿命长，可靠性好。采用实时温度自动校准技术，精度高。

（三）水位观测

1. 用水尺观读水位

水位基本定时观测时间为北京标准时间 8 时，在西部地区，冬季 8 时观测有困难或枯水期 8 时代表性不好的测站，根据具体情况，经实测资料分析，主管领导机关批准，可改在其他代表性好的时间定时观测。

水位的观读精度一般记至 1cm，当上下比降断面水位差小于 0.20m 时，比降水位应该记至 0.5cm。水位每日观测次数以能测得完整的水位变化过程、满足日平均水位计算、极值水位挑选、流量报求和水情测报的要求为原则。

水位平稳时，一日内可只在 8 时观测一次；稳定的封冻期没有冰塞现象且水位平稳时，可每 2~5 日观测一次，月初、月末两天必须观测。

水位有缓慢变化时，每日 8 时、20 时观测两次，枯水期 20 时观测确有困难的站，可提前至其他时间观测。水位变化较大或出现较缓慢的峰谷时，每日 2 时、8 时、14 时、20 时观测 4 次。

洪水期或水位变化急剧时期，可每 1～6h 观测 1 次。当水位暴涨暴落时，应根据需要增为每半小时或若干分钟观测 1 次，应测得各次峰、谷和完整的水位变化过程。结冰、流冰和发生冰凌堆积、冰塞的时期，应增加测次，应测得完整的水位变化过程。

由于水位涨落，水位将要由一支水尺淹没到另一支相邻水尺时，应同时读取两支水尺上的读数，一并记入记载簿内，并立即算出水位值进行比较。其差值若在允许范围内时，应取二者的平均值作为该时观测的水位。否则，应及时校测水尺，并查明不符原因。

2. 自记水位计观测水位

（1）水位计的检查和使用。在安装自记水位计之前或换记录纸时，应检查水位轮感应水位的灵敏性和走时机构的工作是否正常。电源要充足，记录笔、墨水应适度。换纸后，应上紧自记钟，将自记笔尖调整到当时的准确时间和水位坐标上。观察 1～5min，待一切正常后方可离开，当出现故障时应及时排除。

自记水位计应按记录周期定时换纸，并注明换纸时间与校核水位。当换纸恰逢水位急剧变化或高、低潮时，可适当延迟换纸时间。

对自记水位计应定时进行校测和检查：使用日记式自记水位计时，每日 8 时定时校测一次；资料用于潮汐预报的潮水位站，应每日 8 时、20 时校测两次；当一日内水位变化较大时，应根据水位变化情况增加校测次数。使用长周期自记水位计时，对周记和双周记式自记水位计应每 7 日校测一次；对其他长期自记水位计，应在使用初期根据需要加强校测，待运行稳定后，可根据情况适当减少校测次数。

校测水位时，应在自记纸的时间坐标上划一短线。需要测记附属项目的站，应在观测校核水尺水位的同时观测附属项目。

（2）水位计的比测。自记水位计应与校核水尺进行一段时期的比测，比测合格后，方可正式使用。比测时，可将水位变幅分为几段，每段比测次数应在 30 次以上，测次应在涨落水段均匀分布，并应包括水位平稳，变化急剧等情况下的比测值。长期自记水位计应取得一个月以上连续完整的比测记录。

比测结果应符合下列规定：置信水平 95% 的综合不确定度不超过 3cm，系统误差不超过 1%。计时系统误差应符合自记钟的精度要求。

四、水位观测成果的计算

（一）观测水位计算

1. 直接观测水位计算

$$直接观测水位 = 直接观测水尺读数 + 该水尺零点高程$$

2. 间接观测水位计算

间接观测水位 = 校核时刻直接观测水位 + 水位记录中的水位变动量（时间修正）

（二）日平均水位计算

日平均水位是指在某一水位观测点一日内水位的平均值。其原理是，将一日内水位变化的不规则梯形面积，概化为矩形面积，其高即日平均水位。具体计算时，视水位变化情况分面积包围法和算术平均法两种。

1. 面积包围法

面积包围法，即加权平均法，它适用于水位变化剧烈且不是等时距观测的时期。计算时可将一日内 0—24 时的折线水位过程线下之面积除以 24 小时得之。面积包围法求日平均水位示意图如图 2-20 所示，面积包围法计算日平均水位可按下式计算：

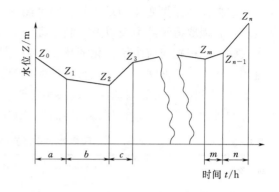

图 2-20　面积包围法求日平均水位示意图

$$\overline{Z} = \frac{1}{24}\left(\frac{Z_0 + Z_1}{2}a + \frac{Z_1 + Z_2}{2}b + \cdots + \frac{Z_m + Z_{n-1}}{2}m + \frac{Z_{n-1} + Z_n}{2}n\right) \qquad (2-5)$$

【例 2-1】　某水文站在一天内共观测了六次水位，观测时间分别为 0 时、6 时、10 时、16 时、20 时、24 时，观测到的水位分别为 10m、11m、12m、10m、9m、8m，试计算该日的日平均水位。

解：日平均水位为

$$\overline{Z} = \frac{1}{24}\left(\frac{10+11}{2}\times 6 + \frac{11+12}{2}\times 4 + \frac{12+10}{2}\times 6 + \frac{10+9}{2}\times 4 + \frac{9+8}{2}\times 4\right) = 10.292\,(\text{m})$$

2. 算术平均法

当一日内水位变化不大，或变化较大但系等时距观测或摘录时，用此方法计算。

$$\overline{Z} = \frac{\sum_{1}^{n} Z_i}{n} \qquad (2-6)$$

式中：n 为日观测水位的次数。

第三节　流　量　测　验

一、概述

所谓流量，是指单位时间内流经封闭管道或明渠有效截面的流体量，又称瞬时流量。当流体量以体积表示时称为体积流量；当流体量以质量表示时称为质量流量。河水流量是指单位时间内，通过河流某一横截（断）面的水量，一般用 m³/s 表示。流量也可以用一个月、一季、一年流出来的总水量表示。流量是反映水资源和江河、湖泊、水库等水量变化的基本资料，也是河流最重要的水文特征值。一般来说越是在下游，流量越大，所以辨别地图上的河流方向时，一般是从窄到宽。在进行流域水利规划，各种水工建筑物的设计、施工、管理及运用、防汛抗旱、水质监测和水源保护等方面，都需要流量的资料。

为了掌握江河流量变化的规律，为国民经济各部门服务，必须积累不同地区、不同时间的流量资料，取得天然河流以及水利工程调节控制后的各种径流资料。因此，要求在设立的水文站上，根据河流水情变化的特点，采用适当的测流方法进行流量测验，可用浮标法、流速仪法、超声波法等方法进行流量的测量工作。

由表 2-3 可见，天然河流的流量大小悬殊。如我国北方河流旱季常有断流现象，受自然条件和其他因素的影响，使得江河的流量变化错综复杂。

表 2-3　　　　　　　　　　　　　　国内外部分河流流量资料

河　名	地　点	流域面积 /万 km^2	最大流量 Q_{max} /(m^3/s)	最小流量 Q_{min} /(m^3/s)	多年平均流量 $\bar{Q}$ /(m^3/s)
密西西比河	美国	322	76500	3500	19100
长江	湖北宜昌	101	70600	2770	14000
伏尔加河	苏联	146	67000	1400	8000
多瑙河	欧洲	117	10000	780	6350
黄河	河南花园口	68.0	22000	145	1300
淮河	安徽蚌埠	12.1	26500	0	852
新安江	浙江罗桐埠	1.05	18000	10.7	370
永定河	北京卢沟桥	44	2450	0	28.2

二、断面测量

断面测量是流量测验工作重要组成部分。断面流量要通过对过水断面面积及流速的测定来间接加以计算，因此，断面测量的精度直接关系到流量成果精度。同时断面资料又为研究部署测流方案，选择资料整编方法提供依据。因此，断面测量对于研究分析河床的演变规律，航道或河道的整治，都是必不可少的。断面测量通常分为纵断面测量和横断面测量。

(一) 测量内容和基本要求

1. 断面测量内容

断面定义：垂直于河道或水流方向的截面称之横断面（简称"断面"）。断面与河床的交线，称河床线。

水位线以下与河床线之间所包围的面积，称为水道断面，它随着水位的变化而变动；历史最高洪水位与河床线之间所包围的面积，称为大断面，它包括水上、水下两部分。

断面测量的内容是测定河床各点的起点距（即距断面起点桩的水平距离）及其高程。对水上部分各点高程采用四等水准测量；水下部分则是测量各垂线水深并观读测深时的水位。

2. 断面测量基本要求

(1) 测量范围。大断面测量应测至历史最高洪水位以上 0.5～1.0m；漫滩较远的河流，可只测至洪水边界；有堤防的河流，应测至堤防背河侧地面为止。

(2) 测量时间。大断面测量宜在枯水期单独进行，此时水上部分所占比重大、易于测量，所测精度高。水道断面测量一般与流量测验同时进行。

（3）测量次数。新设测站的基本水尺断面、测流断面、浮标断面、比降断面均应进行大断面测量。断面设立后，对于河床稳定的测站（水位与面积关系测点偏离曲线小于±3%），每年汛期前复测一次；对河床不稳定的站，除每年汛前、汛后施测外，并应在每次较大洪峰后加测（汛后及较大洪峰后，可只测量洪水淹没部分），以了解和掌握断面冲淤变化过程。

（4）精度要求。

大断面岸上部分的测量，应采用四等水准测量。施测前应清除杂草及障碍物，可在地形转折点处打入有编号的木桩作为高程的测量点。测量时前后视距不等差不超过 5m，累积差不超过 10m，往返测量的高差不符值在 $\pm 30\sqrt{k}$mm（k 为往返测量或左右路线所算得的测段线路长度的平均长度，km）范围内。对地形复杂的测站可低于四等水准测量。

（二）水深测量

1. 测深垂线的布设

（1）垂线的布设原则。测深垂线的布设易均匀分布，并应能控制河床变化的转折点，使部分水道断面面积无大补大割情况。当河道有明显漫滩时主槽部分的测深垂线应较滩地密。

（2）测深垂线数目规定。水道断面测量的精度，直接影响流量成果的精度。为了测得精确的断面资料，一定数量的测深垂线及选择合理的垂线位置是保证断面流量成果精度的前提。大断面测量水下部分最少测深垂线数目，见表 2-4。对新设站，为取得精密法测深资料，为以后进行垂线精简分析打基础，要求测深垂线数不少于规定数量的一倍。

表 2-4　　　　　　　　　　大断面测量最少测深垂线数目

水面宽/m		<5	5	50	100	300	1000	>1000
最少测深垂线数	窄深河道	5	6	10	12	15	15	15
	宽浅河道			10	15	20	25	>25

注　水面宽与平均水深比值小于 100 为窄深河道，大于 100 为宽浅河道。

（3）垂线数量与断面面积误差的关系。

1）断面面积的相对误差随着平均水深的增大而减小。在相同断面平均水深下，相对误差随着测深垂线的增加而逐渐减少。

2）根据表 2-4 规定测深垂线数，一般情况下，多数测站是可以保证其误差控制在±3%以内。

3）测深垂线数与误差关系线呈上陡下缓，说明在垂线较少时，若再减少垂线，误差将增加很大；反之，若一定数量的垂线，再增加垂线对提高断面精度意义也不大。

（4）垂线位置对断面面积误差的影响。

控制河床变化转折点是十分重要的，否则将造成很大的误差。在平均水深相同的情况下，由于河床变化转折点控制的好坏程度不同，结果出现较多垂线断面误差比较少垂线的误差还要大的情况。对测深垂线位置一般要求固定。但当冲淤较大、河床断面显著变形时，应及时调整，补充测深垂线，以减少断面测量误差。

2. 水深测量方法

根据不同的测深仪器及工作原理，可划分成以下几种形式。

(1) 测深杆、测深锤测深。

1) 测深杆测深。用刻有读数标志的测杆，杆的下端装个圆盘，垂直放入水中进行直接测深，适用于水深较浅、流速较小的河流。可用船测或涉水进行。

2) 测深锤测深。用测深锤（铁砣）上在系有读数标志的测绳，放入水中进行测深，该法适用于水库或水深较大但流速小的河流。

(2) 悬索测深。悬索测深，就是用悬索（钢丝绳）悬吊铅鱼，测定铅鱼自水面下放至河底时，绳索放出的长度。该法适用于水深流急的河流，应用范围广泛，因此它是目前江河断面测深的主要测量方法。

在水深流急时，水下部分的悬索和铅鱼受到水流的冲击而偏向下游，与铅垂线之间产生一个夹角，称为悬索偏角。为减小悬索偏角，铅鱼形状应尽量接近流线型、表面光滑、尾翼大小适宜，要求做到阻力小、定向灵敏，各种附属装置应尽量装入铅鱼体内；同时，要求铅鱼具有足够的重量。铅鱼重量的选择：应根据测深范围内水深、流速的大小而定。对使用测船的站，还应考虑在船舷一侧悬吊铅鱼对测船安全与稳定的影响以及悬吊设备的承载能力等因素。

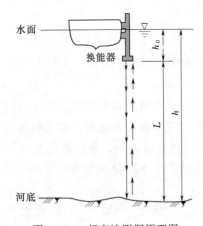

图 2-21 超声波测深原理图

3. 超声波测深

(1) 超声波测深原理。利用超声波在不同介质上具有定向反射的这一特性，从水面垂直向河底发射一束超声波，声波即通过水体传播至河底，并以相同时间和路线返回水面，如图 2-21 所示。超声波换能器发射到达河底又反射回到换能器，声波所经过的距离为 $2L$，超声波的传播速度 C 可根据经验公式计算。当测得超声波往返的传播时间为 t 时，根据声波在水中的速度，测定往返所需传播时间，计算出水深：

$$h = h_0 + L \tag{2-7}$$

$$L = 0.5ct \tag{2-8}$$

式中：h 为水面到河底的垂直距离（即水深），m；t 为传播时间，s；c 为声波在水中的速度，一般为 1500m/s。

按水深显示方式不同，可分为记录式与直读式两大类。

1) 记录式回声测深仪。以时间为基础反映水深，可将测得水深记录在记录纸上，所以又称为时基记录式。

按其记录方式不同，又可分为直线时基式和圆周时基式两种。前者是以一定时间内移动的一定距离表示水深；而后者则是以一定时间内旋转的角度来表示水深。

仪器主要由收发换能器，动力及稳速系统，记录构件，低速控制系统等构成。测深范围为 1~120m，估读 0.1m。

2) 直读式超声测深仪。用于缆道测深，能直观显示水深数字的数字回声仪。这种仪器一般是将换能器、收发声器、连同电池密封后固定在铅鱼的尾翼上，置于水下，由岸上控制数码管显示水深，用缆道钢丝绳（悬索）及水作为导体，以传递测量信号。

（2）超声波测深仪分类。直读式超声波测深仪颇多，几种有代表性的仪器主要如下。

1）重庆水文仪器厂生产的 SB-1A 和 SB-1B 超声测深仪。该仪器在含沙量小于 $3kg/m^3$ 时，可同时测深、测速，测深范围分别为动水 15～40m、静水 0.5～100m。

2）长江水利委员会重庆水文总站研制的 SLS-Ⅲ型超声波数字记录测深仪。它是采用显示器、打印机作为输出设备，在含沙量小于 $5kg/m^3$ 时，除可直接显示水深外，还可将测深记录数据打印在纸带上，便于保存。测深范围 1.5～50m，误差 ±0.1m。

3）四川省水文水资源勘测局研制的 CJ83 型超声波测深仪。该仪器使用微机控制和信息处理，解决了高流速水下噪声干扰的问题，在含沙量小于 $10kg/m^3$ 时，测深范围 1～50m，误差 ±5cm。

超声波测深仪具有效率高、劳动强度小、适应性强、测深精度高等优点，但当水流中含沙量大时，声波可能从密集悬浮泥沙反射回来。如果河床由较厚的淤泥组成，会使反射波变弱，记录不清晰，水深值难以辨认。

在国外，普遍采用超声波测深，其记录方式比较先进，测深结果可用阴极示波仪显示，也可用磁带数字打印，还可以转变电码，输入电子计算机处理。美国、日本还制成多波束的测深仪器，如同时用几个传感器，可对 100m 宽的各点水深进行扫描。

（三）起点距测定

大断面和水道断面的起点距，均以高水时的断面起点桩（一般为设在岸的断面桩）作为起算零点。起点距的测定也就是测量各测深垂线距起点桩的水平距离。

1. 平面交会法

平面交会法包括经纬仪测角交会法、平板仪交会法和六分仪交会法等。这些方法的基本原理大致同，以经纬仪测角交会法为例。测量起点距时，把经纬仪架设在岸上基线的端点位置，测量与断面上各测深线的水平夹角，即可用三角公式计算起点距，如图 2-22 所示。

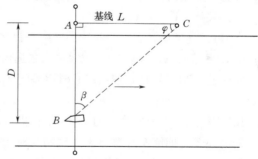

图 2-22 平面交会法计算示意图

则起点距按下式计算：

$$D = L\tan\varphi \tag{2-9}$$

式中：D 为起点距，m；L 为基线长度，m；φ 为基线与测深垂线间的夹角。

如果受地形限制在布设基线时无法使基线与断面线垂直，计算时可按三角形正弦定律计算起点距。此处不作介绍。

2. 极坐标交会法

极坐标交会法是从三维空间概念出发，利用极坐标与直角坐标互换原理，以测定任何一地点位置，此处不详细介绍，可查阅相关资料。

极坐标交会法的特点与适用条件该法的优点在于，能避免因测深时不注意瞄准断面线，而带来的起点距测量误差，从而克服了前面所述平面交会法的缺陷，保证了测量精度。极坐标交会法当用于岸边地形较高、设置的高程基点保证在最高洪水位时，对最远一点视线的俯角不小于4°（此时起点距相对误差＝0.42%），特殊情况下也不应小于2°。布设高程基点时，还应考虑仪器视线能否交会到最低水位时的近岸水边点。

3. GPS定位系统

（1）GPS的由来与组成。

GPS是英文 Navigation Satellite Timing and Ranging/Global Positioning System 的字头缩写词 NAVSTAR/GPS 的简称。它的含义是利用卫星导航进行授时和测距/全球定位系统，通常简称为 GPS，即"全球定位系统"。它是美国国防部为军事目的建立的卫星导航系统，旨在解决海、陆、空快速高精度、实时定位导航问题。该系统自1973年底启动，经过方案论证、设计、研制、试验、试应用等阶段，历时20年，于1994年建成。

GPS系统包括三大部分：空间部分——GPS卫星星座；地面控制部分——地面监控系统；用户设备部分——GPS信号接收机。

空间部分由21颗工作卫星和3颗在轨备用卫星组成。GPS工作卫星的地面监控系统包括1个主控站、3个注入站和5个监测站。

GPS信号接收机的任务是：能够捕获到按一定卫星高度截止角所选择的待测卫星的信号，并跟踪这些卫星的运行，对所接收到的GPS信号进行变换、放大和处理，以便测量出GPS信号从卫星到接收机天线的传播时间，解译出GPS卫星所发送的导航电文、实时地计算出测站的三维位置，甚至三维速度和时间。

（2）关于GPS RTK测量。

在RTK测量模式下，参考站借助数据链将其观测值及测站坐标信息一起发给流动站。流动的GPS接收机在采集GPS卫星播发数据信号的同时，通过数据链接收来自参考站的数据，并通过GPS的数据处理系统实时组差解算，可每秒1~10次地给出厘米级精度的点位坐标。

RTK作业硬件配置为一对GPS接收机（最好为双频机），一对数传电台及相应的电源，同时还要有能够实时解算出流动站相对于参考站三维坐标成果并能完成相应的坐标变换、投影计算、数据记录、图形显示及导航等功能的软件系统。这种软件均由GPS接收机厂商开发提供，且不同软件的操作界面和使用方式有明显的差异，但主要功能大同小异。一个参考站可以同时为其电波覆盖半径以内（一般不大于20km）的多个流动站提供服务。

（3）GPS系统的特点。

1）定位精度高。GPS相对定位精度：在50km以内，可达到10~6cm；在100~500km以内，可达10~7cm；1000km以上可达10~9cm。实时测量的精度也达到厘米级。

2）观测时间短。随着GPS系统不断完善，软件的不断更新，目前，20km以内相对静态定位，仅需15~20min；快速静态相对定位测量时，当每个流动站与基准站相距在15km以内时，流动站观测时间只需1~2min；动态相对定位测量时，流动站出发时观测1~2min，然后可随时定位，每站观测仅需几秒钟。实时动态测量，可立即得到测量结果。

3）站间无需通视。GPS测量不要求测站之间互相通视，只需测站上空开阔即可，因此可节省大量的费用。

4）可提供三维坐标。经典大地测量将平面与高程采用不同方法分别施测。GPS可同时精确测定测站点的三维坐标。目前GPS水准可满足四等水准测量的精度。

5）操作简便。随着GPS接收机不断改进，自动化程度越来越高，有的已达"傻瓜化"的程度。接收机的体积越来越小，重量越来越轻，极大地减轻测量工作者的工作紧张程度和劳动强度。使野外工作变得轻松愉快。

6）全天候作业。目前GPS观测可在一天24h内的任何时间进行，不受阴天黑夜、起雾刮风、下雨下雪等气候的影响。

4. 断面索法

对于河面不太宽的缆索站，可利用架设在横断面上的钢丝缆索，在缆索上系有起点距标志，可直接在断面索上读取垂线起点距。

用断面索法测定起点距的误差，主要取决于断面缆索的垂度，当断面缆索的垂度小于断面索跨度的6/100时，起点距测读的相对误差小于1/100。

5. 计数器法

使用水文缆道测站，一般采用计数器法测定垂线起点距。方法是利用安装在室内的计数器，测记循环索放出的长度。由于循环索长度表示的是某一段的曲线长度，它与水平方向的起点距有一定的差异，因此，室内计数器测记的数值并不能直接代表起点距。消除这种误差的一般方法是：采用经纬仪进行比测率定，即在室内用计数器计数的同时，用经纬仪同步测定该垂线起点距。根据率定的这些资料，可建立循环长度与垂线起点距（$D_x - D$）的关系曲线，据此可将计数长度转换成垂线的起点距，这种方法相当于作垂度影响的改正。

（四）断面资料的整理与计算

断面测量工作结束后，应及时对断面资料加以整理与计算，内容包括：检查测深与起点距垂线数目及编号是否相符；测量时的水位及附属项目是否填写齐全；计算各垂线起点距；根据水位变化及偏角大小，确定是否需要进行水位涨落改正及偏角改正；计算各点河底高程并绘制断面图，计算断面面积等。

1. 计算河底高程及绘制大断面图

（1）测深垂线河底高程的计算。

1）测深过程中，水位变化不大时，以开始与终了水位的平均值减去各垂线水深即得各测深点河底高程。

2）水位变化较大时，应插补出各测深垂线的水位，用各垂线的水位减去各垂线的水深值，即得各垂线的河底高程。

（2）绘制水道断面及大断面图。

以垂线起点距为横坐标，河底高程为纵坐标，取一定比例加以绘制。

2. 断面面积的计算

（1）水道断面面积计算。以测深垂线为界，分别算出每一部分的面积，其中两岸边的部分面积按三角形面积计算；中间部分按梯形面积计算。各部分面积的总和即为水道断面面积。

（2）大断面计算。计算大断面是为了绘制水位-面积关系曲线，包括计算各水位级的平均水深，湿周及水力半径等。大断面计算方法按水平分层加以计算，如图 2-23 所示。

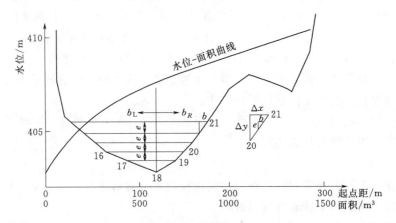

图 2-23 大断面计算示意图

具体的计算方法有分析法和图解分析法。

1）分析法。

a. 在大断面图上，以河床最低点分界，划一垂线，将断面划分成左、右两部分。

b. 将断面按水位分成若干级（分级高度视整个水位变幅而定，一般按 0.5m 或 1.0m 为一级）。

c. 分别计算左、右两边各分级水位所增加的水面宽 b_L、b_R。

$$b_L（或 b_R）=e \frac{\Delta x}{\Delta y} \qquad (2-10)$$

式中：$b_L(b_R)$ 为分级水位所增左（或右）水面宽，m；e 为分级水位高差，m；Δx、Δy 分别为相邻两垂线的起点距差及河底高程差，m。

d. 累加各分级水位所增水面宽，得各级水位的水面宽，再按梯形公式算出相邻分级水位面积，此称为所增面积。

e. 逐级累加所增面积，即得各级水位的断面面积，据此即可绘出水位-面积关系曲线。

f. 分别计算各分级水位的湿周及水力半径。计算湿周的方法同水面宽，公式为

$$P_L（或 P_R）=e \sqrt{1+\left(\frac{\Delta x}{\Delta y}\right)^2} \qquad (2-11)$$

式中：P_L（或 P_R）为分级水位所增加的湿周，m；其余符号含义同前。

以同一级水位的面积除以湿周，得水力半径。

2）图解分析法。

在大断面图上查读左、右岸各级水位的起点距，左右岸起点距之差即水面宽。其余步骤同分析法。图解法较简便，尤其是对于复式断面计算；在绘制断面图时的比例尺应选用适当，应能满足读数精度的要求。

另外，应该注意是，在用分析法计算所增加的水面宽时，当两分级水位间河床有转折变化时，应以该转折点上下分，水位高差分别乘以对应的系数$\frac{\Delta x}{\Delta y}$，得到转折点前后所增水面宽，此时，在该分级水位计算栏内会有几个所增水面宽数字。

三、流速脉动与流速分布

研究流速脉动现象及流速分布的目的，是为了掌握流速随时间和空间分布的规律。它对于进行流量测验具有重大的意义，由此可合理布置测速点及控制测速历时。

(一) 流速脉动

水体在河槽中运动，受到许多因素影响，如河道断面形状、坡度、糙率、水深、弯道以及风、气压和潮汐等，使得天然河流中的水流大多呈紊流状态。从水力学知，紊流中水质点的流速，不论其大小（图 2-24 为流速变化过程线）、方向（图 2-25 为流向变化过程线）都是随时间不断变化着的，这种现象称为流速脉动现象。

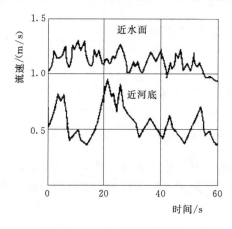

图 2-24 流速变化过程线　　　　图 2-25 流向变化过程线

水流中某一点的瞬时流速 v 是时间的函数。流速随时间不断变化着，但它的时段平均值是稳定的，这也是流速脉动的重要特性。即在足够长的时间 T 内有一个固定的平均值，称为时段平均流速或时均流速。于是任一点的瞬时流速为

$$v = \bar{v} + \Delta v \tag{2-12}$$

式中：v、$\bar{v}$ 分别为瞬时流速和时均流速，m/s；Δv 为脉动流速，m/s。

脉动流速随时间不断变化，时大时小，时正时负，在较长的时段中各瞬时的 Δv 的代数和趋近于零。用流速脉动强度来表示流速脉动变化强弱的程度：

$$y = \frac{1}{\bar{v}^2}(\bar{v}_{\max}^2 - \bar{v}_{\min}^2) \tag{2-13}$$

式中：y 为流速脉动强度；$\bar{v}$ 为测点的时均流速；$\bar{v}_{\max}$、$\bar{v}_{\min}$ 分别为测点的瞬时最大、最小流速。

流速脉动现象是由水流的紊动而引起的，紊动越强烈，脉动也越明显。通过水力学实验发现，流速水头有上下振动的现象，同时还发现河床粗糙则脉动增强，否则减小。用流

速仪在河流中测速,也可看到流速脉动的现象。根据实测资料,计算脉动强度,在横断面图上绘制等流速脉动强度曲线图,见图2-26。从图2-26上可见脉动强度河底大于水面,岸边大于中泓。这和横断面内流速曲线的变化趋势恰好相反。一般山区河流的脉动强度大于平原河流;封冻时冰面下的流速脉动也很强烈,都反映河床粗糙程度对脉动的影响。

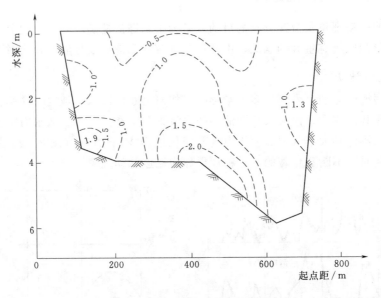

图2-26 等流速脉动强度曲线

这里应说明一点,在河流中进行的流速脉动试验,因受流速仪灵敏度的限制,测得的流速都不是真正的瞬时流速,仍然是时段平均值,只不过时段较短。所以测得的流速脉动变化过程仅是近似的。

(二) 河道中流速分布

在研究河流中的流速分布主要是研究流速沿水深的变化,即垂线上的流速分布,及流速在横断面上的变化,流速分布的研究对泥沙运动、河床演变等,具有重要意义。

1. 垂线上的流速分布

天然河道中常见的垂线流速分布曲线,如图2-27所示。一般水面的流速大于河底,且曲线呈一定形状。只有封冻的河流或受潮汐影响的河流,其曲线呈特殊的形状。由于影响流速曲线形状的因素很多,如糙率、冰冻、水草、风、水深、上下游河道形势等,致使垂线流速分布曲线的形状多种多样。许多的观测、研究表明,图2-27几种抛物线形流速分布曲线、对数流速分布曲线及椭圆流速分布曲线等模型与实际流速分布情况比较接近。

近河底的流速分布,由于很少有仪器可以实测,所以不易量化。但由流体力学边界层理论研究与精密观测得知:固定边界的流速必为零,在边界层及其附近的流速梯度很大。因边界层很薄(例如约1cm),所以不致影响垂线平均流速计算的结果。通常,河流水文测验的河底流速是指流速仪在悬杆底盘上8cm,甚至更高处测得的流速,并不是真正的河底流速。

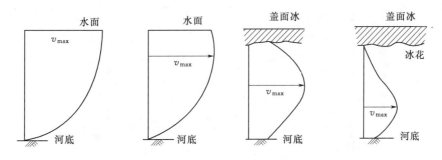

图 2-27 垂线流速分布曲线

2. 横断面的流速分布

横断面流速分布也受到断面形状、糙率、冰冻、水草、河流弯曲形势、水深及风等因素的影响。可通过绘制等流速曲线的方法来研究横断面流速分布的规律，图 2-28（a）和（b）分别为畅流期及封冻期的等流速曲线。

如图 2-28 所示，河底与岸边附近流速最小；冰面下的流速、近两岸边的流速小于中泓的流速，水最深处的水面流速最大；垂线上最大流速，畅流期出现在水面至 $0.2h$ 范围内，封冻期则由于盖面冰的影响，对水流阻力增大，最大流速从水面移向半深处，等流速曲线形成闭合状。

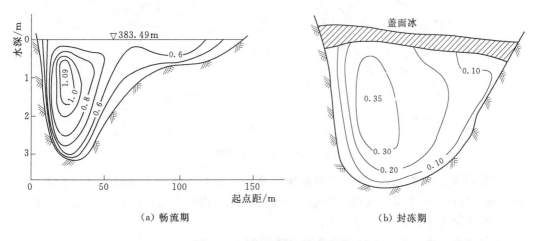

（a）畅流期 （b）封冻期

图 2-28 横断面流速分布曲线

垂线平均流速沿河宽的分布曲线见图 2-29。从图 2-29 可见，流速沿河宽的变化与断面形状有关。在窄深河道上，垂线平均流速分布曲线的形状与断面形状相似。

3. 流量模的概念

河道中的流速分布，沿着水平与垂直方向都是不同的，为了描述流量在断面内的形态，可采用流量模的概念，如图 2-30 所示。通过某一过水断面的流量，是以过水断面为垂直面、水流表面为水平面、断面内各点流速矢量为曲面所包围的体积，表示单位时间内通过水道横断面的水的体积，即流量。该立体图形称为流量模型，简称流量模，它形象地表示了流量的定义。

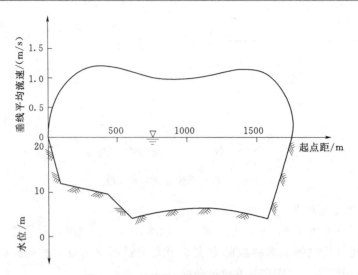

图 2-29　垂线平均流速沿河宽分布图

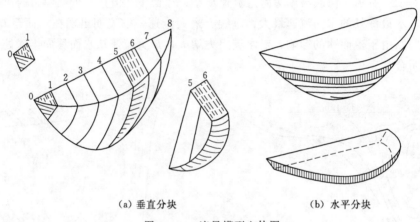

（a）垂直分块　　　　　　　（b）水平分块

图 2-30　流量模型立体图

通常用流速仪测流时，是假设将断面流量垂直切割成许多平行的小块，见图 2-30（a），每一块称为一个部分流量；在超声波分层积宽测流时，是假设将断面流量水平切割成许多层部分流量，见图 2-30（b）。

在过水断面内，不同位置对流量的称呼分为以下几种。

（1）单位流量：单位时间内，水流通过某一单位过水面积上的水流体积。

（2）单宽流量：单位时间内，水流通过以某一垂线水深为中心的单位河宽过水面积上的水流体积。

（3）单深流量：单位时间内，水流通过以水面下某一深度为中心的单位水深过水面积上的水流体积。

（4）部分流量：单位时间内，水流通过某一部分河宽过水面积上的水流体积。

四、流速仪法测流

流速仪是测量流速的仪器，种类很多，可归纳为转子式流速仪和非转子式流速仪。下面介绍我国最常使用的转子式流速仪。

（一）转子式流速仪

1. 工作原理

利用水流作用对流速仪推动，水流作用到流速仪的感应元件（或称转子）时，由于它们在迎面的各部分受到水压力不同而产生压力差，以致形成了一转动力矩，使转子产生转动。转子式流速仪是根据转子的转速与水流速度成正比例来测定转子的转速而推算流速的。实际上，水流与转子的相互作用，由于仪器摩阻的作用，而不是简单的正比关系，因此，在实际应用时，要通过检定水槽来率定流速与流速仪转速的函数关系。其公式为

$$V = kn + C \tag{2-14}$$

式中：V 为水流速度，m/s；k 为流速仪的转子旋转一周，水质点的行程长度，称为水力螺距；n 为单位时间的转数；C 为附加常数，常称仪器摩阻常数。

式中 k、C 通过检定水槽来率定。施测流速时，在放到测点位置后，施测一定时间总的转数 N，用 $n = N/T$，代入公式（2-14）即可算出流速。

2. 转子式流速仪种类

（1）旋杯式流速仪。旋杯式流速仪适用于含沙量较小的河流，旋轴是垂直的，结构简单，拆装方便，如图 2-31 所示，为我国大量生产的形式之一。按国家统一标准定名为 LS68 型旋杯式流速仪，其转子的旋杯几何形状、重量和安装角等结构参数精确、一致，为仪器检定公式的标准化和通用化提供了有利条件；圆形旋杯口径精确，为转子是否变形提供了监视的标志。

（2）旋桨式流速仪。旋桨式流速仪的旋轴是水平的，如图 2-32 所示，其结构比较精密，性能比较完善，测速范围较宽，能适应在水流条件复杂的河流中使用。从国内外发展趋势来看，均以旋桨式流速仪为主。

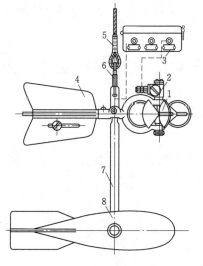

图 2-31 旋杯式流速仪

1—旋杯；2—传信盒；3—电铃计数器；4—尾翼；

5—钢丝绳；6—绳钩；7—悬杆；8—铅鱼

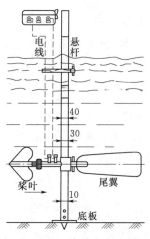

图 2-32 旋桨式流速仪

旋杯式流速仪与旋桨式流速仪在性能上有所差异。旋杯式流速仪没有方向性，斜流、横流，甚至倒流，都会使其转动。因此，流量测验时，若流向不垂直于断面方向，会使测得的流量偏大。旋桨式流速仪则有方向性，当用旋杆旋吊时，只要使仪器的轴线垂直于断面方向，施测的流速不需进行偏角改正。对于斜流此时测出的流速，实际上是流速在垂直断面方向的分量。

(二) 流速测量原理

实际应用中，流速仪法测流，就是把河宽分割成若干个部分，各部分布设测点，求得部分平均流速，与各部分的水面积相乘来计算部分流量 q，用有限差的方法，把全面积的流量 Q 计算出来。其有限差的公式为

$$Q = \sum_{i=1}^{n} q_i \qquad (2-15)$$

式中：q_i 为第 i 部分流量，$\mathrm{m^3/s}$；n 为部分流量个数。

式 (2-15) 为流速仪法计算流量的基本公式。由此可见，流速仪法测流工作，应包括横断面测量和流速测量两部分。具体内容是沿横断面的测深垂线，施测水深和起点距。在各测速垂线上，测量各点流速；有斜流时，加测流向。观测水位，需要时观测水面比降及其他有关情况，如天气情况等。检验实测成果，计算实测流量、相应水位及有关水文要素。

(三) 流速计算

测量垂线平均流速的方法，最常用的是积点法。积点法是在垂线上按一定规律布置有限的测点施测点流速，根据测得的各点流速，推算垂线平均流速。

积点法的测速方法一般有以下几种。

1. 一点法

施测垂线上一个点的流速，代表垂线的平均流速。测点设在自水面向下计算垂线水深的 0.6 处（即 $0.6h$）。将流速仪悬吊在该点，实测的流速就是这条垂线的垂线平均流速：

$$V_m = V_{0.6} \qquad (2-16)$$

2. 二点法

测速点设在水面以下 0.2 及 0.8 相对水深处，两点的测点流速的平均值即为垂线平均流速：

$$V_m = \frac{V_{0.2} + V_{0.8}}{2} \qquad (2-17)$$

3. 三点法

测速点设在水面以下 0.2、0.6、0.8 相对水深处，三个测点流速的平均值或加权平均值即为垂线平均流速：

$$V_m = \frac{V_{0.2} + V_{0.6} + V_{0.8}}{3} \qquad (2-18)$$

或

$$V_m = \frac{V_{0.2} + 2V_{0.6} + V_{0.8}}{4} \qquad (2-19)$$

4. 五点法

测点设在水面（在水面以下 5cm 左右处施测，以不露仪器的旋转部件为准）0.2、0.6、

0.8 相对水深处及渠底（离开渠底 2～5cm）。各测点流速的加权平均值即为垂线平均流速：

$$V_m = \frac{V_{0.0} + 3V_{0.2} + 3V_{0.6} + 2V_{0.8} + V_{1.0}}{10} \quad\quad (2-20)$$

施测中，具体采用几点法，要根据垂线水深来确定。一般地说多点法较少点法更精确一些，但垂线上流速测点的间距，不宜小于流速仪旋桨或旋杯的直径。为了克服流速脉动的影响，每个测点的测速历时均应在 100s 以上。表 2-5 给出了不同水深测速方法的选择参考标准。

表 2-5　　　　　　　　　　　不同水深的测速方法

水深/m	>3.0	1.0～3.0	0.8～1.0	<0.8
测速方法	五点法	三点法	二点法	一点法

5. 岸边流速

岸边部分水的平均流速（V_1 或 V_n），等于近岸测线的垂线平均流速（V_{m1} 或 $V_{m(n-1)}$）乘以岸边流速系数 α：

$$V_1 = \alpha V_{m1} \quad\quad (2-21)$$

$$V_n = \alpha V_{m(n-1)} \quad\quad (2-22)$$

岸边流速系数 α 是流速仪施测中由岸边测线的垂线平均流速推算岸边部分平均流速的一个折算系数。合理地选取 α 值，对提高流量施测精度有显著影响，α 值可以通过实测确定。若无实测资料，可采用以下参考值，岸边流速系数的大小与渠道的断面形状、渠岸糙率、水流状态及水边宽度等有关。

（1）规则断面土渠的斜坡岸边：$\alpha = 0.67～0.75$。

（2）梯形断面混凝土衬砌渠段：$\alpha = 0.8～0.95$。

（3）不平整的陡岸边：$\alpha = 0.8$。

（4）光滑的陡岸边：$\alpha = 0.9$。

（5）死水边：$\alpha = 0.6$。

6. 计算部分面积

部分面积由相邻的两条测线处的水深的平均值乘以测线间距而得，如图 2-33 所示。

$$f_2 = \frac{1}{2}(D_1 + D_2)b_2 \quad\quad (2-23)$$

$$f_3 = \frac{1}{2}(D_2 + D_3)b_3 \quad\quad (2-24)$$

$$\cdots$$

两岸边部分面积为

$$f_1 = \frac{1}{2}D_1 b_1 \qu\quad (2-25)$$

$$f_n = \frac{1}{2}D_{n-1} b_n \quad\quad (2-26)$$

$$F = f_1 + f_2 + \cdots + f_{n-1} + f_n \quad\quad (2-27)$$

式中：f 为部分面积；F 为断面面积。

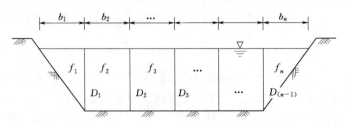

图 2-33 测流断面部分面积计算示意图

7. 计算部分流量

由每块部分面积乘以该面积上对应的部分平均流速即得部分流量。设各个部分流量为 q_1、q_2、q_3、$\cdots$、q_n，则

$$q_1 = V_1 f_1 \tag{2-28}$$
$$q_2 = V_2 f_2 \tag{2-29}$$
$$q_3 = V_3 f_3 \tag{2-30}$$
$$\vdots$$
$$q_n = V_n f_n \tag{2-31}$$

8. 计算断面流量

总流量：
$$Q = \sum q_i \tag{2-32}$$

断面平均流速：
$$\overline{V} = \frac{Q}{F} \tag{2-33}$$

断面平均水深：
$$\overline{h} = \frac{F}{B} \tag{2-34}$$

式中：B 为水面宽。

流量实测的记录计算表格形式见表 2-6。根据所学知识，完成表 2-6 中空白处的相关信息，其中 $V = 0.795R/T + 0.004$，岸边系数取 0.7。

表 2-6 测流记载及计算表

	起点距 /m	垂线水深 /m	仪器位置 相对	测速记录 总历时 /s	测速记录 总转数	流速 /(m/s) 测点	流速 /(m/s) 垂线平均	流速 /(m/s) 部分平均	测深垂线间 /m 平均水深	测深垂线间 /m 间距	断面面积 /m² 测深垂线间	断面面积 /m² 部分	部分流量 /(m³/s)
左水边	45												
1	55	2.5	0.2	150	210								
			0.8	132	150								
2	63	3	0.2	105	160								
			0.6	110	150								
			0.8	115	140								
3	72	1.5	0.6	120	150								
右水边	80												
	断面面积		断面流量			平均流速		水面宽			平均水深		

五、浮标法测流

人工制作和投放易于观测、能随水漂流的物体来测量流速的数量测验。各类浮标示意图见图 2-34，浮标的主要形式有水面浮标、浮杆、双浮杆等 3 种。

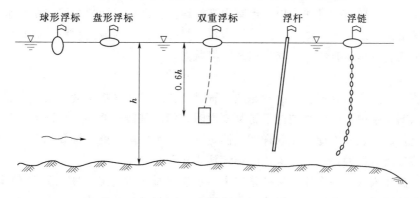

图 2-34 各类浮标示意图

1. 浮标测流使用方法

水面浮标通常用草把、木棒制作，下面坠以石块，上面插易于观测的小旗。在夜间可以用电池、电珠或棉球火炬安在浮标上做成夜明浮标。浮标用竹竿或木杆制作，下端坠以重物，上端加标志物，入水深度占全水深的 9/10 或更深，可以近似测得垂线平均流速。双浮标由相对密度略大于 1 的主浮标和相对密度小于 1 的体积很小的水面标志组成，两者间以细软线相连，施测主浮标所在水深处的流速。水面浮标多用于抢测高流速或暴涨暴落的洪水流量。浮杆多用于垂线流速分布比较复杂的情况，比如受潮汐影响的河流。双浮标多用于测量低流速的情况。

用浮标测流，要设置上、中、下 3 个断面。浮标要在上断面的上游投入水中。投放可以用浮标投掷器，或利用桥，或在船上进行。观测记载浮标通过上、下断面的时间和通过中断面时的起点距。起点距可以通过横跨断面的带标志的缆索或用经纬仪、平板仪交会确定。上、下断面间的距离除以漂流历时，即得浮标流速。往往还要乘以浮标系数，换算为垂线平均流速。水面浮标系数一般为 0.8~0.9，浮杆和 0.6 水深的双浮标的浮标系数则接近于 1.0。

在特大洪水或流冰时，若投放人工浮标有困难，则可利用特征明显的天然漂浮物、冰块等作浮标使用。

应用浮标测量水流速度，有悠久的历史。中华人民共和国成立以后，我国水文职工创造了多种形式的浮标投掷器和夜明浮标，保证了山溪性河流浮标测流的实施，迄今仍是很有价值的测流方法。

2. 浮标测流的应用

浮标法测速和流量计算。利用浮标漂移速度与水道断面来推算断面流量。用浮标法测流时，应先测绘出测流断面上水面浮标速度分布图。将其与水道断面相配合，便可计算出断面虚流量。断面虚流量乘以浮标系数，便可计算出断面流量。浮标系数与浮标类型、风力风向及河流状况等因素有关。

六、溶液法测流

溶液法测流又称稀释法测流，它是在稳定流条件下测量流量的方法。使用溶液法测流时，测验河段的选择应满足河段内水流有很高的紊流程度，以便使溶液与全部水流能充分混合。在满足充分混合的条件下，测验河段应尽量缩短。在河段内须没有死水区和支流汇入，使指示剂沿流程没有收入、支出以及停滞状态。

1. 溶液法测流的基本原理

溶液法测流是在测验河段的上游施放一种已知浓度的化学指示剂，由于水流的紊流作用，使指示剂在水中扩散，当到达下游某断面时，指示剂被稀释并充分混合，其稀释的程度与水流流量成正比。由此，在取样断面测定水中指示剂浓度就可推算流量。溶液法测流具体施放的方法有两种：一次注入法和连续注入法。

（1）一次注入法。一次注入法就是在上游一次施放浓度为 C、体积为 V 的全部溶液。当指示剂溶液到取样断面以后，测量指示剂浓度随时间的连续变化过程。

（2）连续注入法。连续注入法实质上就是连续多次的一次注入法。假设每间隔一时段施放一次，连续施放 n 次，对于每次施放，相应的在取样断面有一个指示剂过程线，称为单元过程线。相互重叠的单元过程线的总和就是合成过程线。当第一个单元过程线流过取样断面以后，在取样断面流出的指示剂必须由相继于后的各单元过程线相应时段的指示剂来补充。这时取样断面的浓度开始稳定。同理可得，此刻整个测验河段的指示剂浓度也是稳定的。为使浓度在测验时段内保持稳定，在上游注入指示剂时，至少必须间隔 10～20min。

2. 溶液法测流采用的指示剂

溶液法测流采用的指示剂主要有食盐、重铬酸钠、同位素、食用染料以及荧光染料（洛丹明）等几种，它们各有优缺点。其中荧光染料作指示剂是近年发展起来的，它的优点是采用荧光光度计灵敏度高、染料耗量小和毒性很小。由于它有明显的光亮，在河流中成云状传播，可以目测指示剂随水流的流动和扩散的情况。因此，它对溶液法测流的研究很有帮助，常用于初次设站的测试之中。如法国曾用同位素作指示剂能测 $200\text{m}^3/\text{s}$ 以下的流量，精度与流速仪法测流接近。但同位素测流成本高，指示剂有毒，所以有待进一步研究。

3. 溶液法测流的优点及适用条件

溶液法测流优点是：①它不要装配测流断面的过河设备，也不必人工整治河道或修筑测流建筑物；②不必直接地施测流速、水道断面面积，避免了山溪性河道积石壅塞、水势湍急时使用流速仪法和浮标法测流所发生的困难，且能保证测流精度；③野外测量工作量小，所需时间短，若不计准备工作时间，一般只需 10～20min 即可测流一次。

七、光学法测流

利用光学原理研制的流速仪（如激光流速仪、光学流速仪）来测量流速以推求流量的方法。激光流速仪只用于实验室水槽的测试，光学流速仪用于江河测速。

光学流速仪是一种测量水面流速的仪器，其结构由一个低倍望远镜，一组转镜，一个变速马达和一个转速仪组成。仪器装有一个轻型电池电源和频闪装置，如图 2-35 所示。

当测量流速时，观测者通过岸上观测点的仪器俯视水面，调节转镜的角速度，逐渐增大转速，此时从目镜中可以看到一个接一个的水面运动图像。当调节转镜的转速与水面流速同步时，目镜中水面的运动就渐渐慢下来，最后停止，这时说明转镜正好跟踪上水流。从转速器上读出转镜的角速度 ω，并用钢尺量出仪器的光轴至水面的垂直距离 h，计算公式为

$$v_0 = 2.188 h \overline{\omega} \qquad (2-35)$$

式中：v_0 为水面流速。

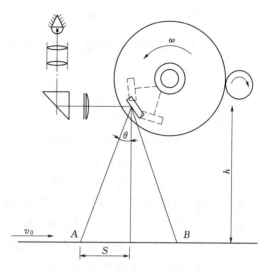

图 2-35 光学法测流示意图

用光学流速仪测速适用于水浅流急河底不平的河道，可以测量高达 15m/s 的流速。光学流速仪也适用于有浮冰或其他漂浮物而又不能使用流速仪的高浑浊水流中测速。

八、超声波法测流

1. 工作原理

超声波测流其基本原理是通过设在河道两岸等高并斜向水流的超声换能器（声波与电能间的转换）从两个方向同时或先后往返发射声脉冲，已知声脉冲从上游方向向下游方向发射和从下游方向向上游方向发射的传播时间之差（即逆流与顺流传播时间之差），即可求得声道平均流速，从而计算换能器所在的水深处水流平均流速和水流通过全断面的流量。

2. 主要构成

超声波测流由四个组成部分。

（1）水下装置，包括发、收共用的换能器（一般由锆钛酸铅或压电陶瓷片制成）及其固定装置，如铁轨等。

（2）水上装置，由计算器控制的发收报机，计时器，数据处理器以及显示、记录、打印和远传的电子设备。

（3）连接两岸的水下铠装电缆或架空电缆的传输线路，也可以用无线传输并构成自动遥测系统。

（4）自记水位计和测深等辅助设备。

3. 适用条件

超声波测流具有操作简捷、不扰动水流、成果比较精确（误差在±5％以内）、可在岸上测得瞬时的连续的流量并保证人身安全等优点。用以远传实测流量，成为遥测系统的组成部分，适用于困难条件下的测流，例如在回水、潮汐影响下水位流量关系不稳定时，此法进行测流，方便可靠。但设备投资较高、技术比较复杂，使用要求相当严格，且在水草

丛生、气泡影响大、含沙量大以及水温变化急剧之处，不易采用。

九、ADCP 河流流量测验原理和方法

ADCP 全称为 Acoustic Doppler Current Profiler，即声学多普勒流速剖面仪，是 20 世纪 80 年代初发展起来的一种新型测流设备。

1. ADCP 流量测量原理

它利用多普勒效应原理进行流速测量。ADCP 因其原理的优越性，突破传统机械转动为基础的传感流速仪，用声波换能器作传感器，换能器发射声脉冲波，声脉冲波通过水体中不均匀分布的泥沙颗粒、浮游生物等反散射体反散射，由换能器接收信号，经测定多普勒频率而测算出流速。ADCP 具有能直接测出断面的流速剖面、具有不扰动流场、测验历时短、测速范围大等特点。目前被广泛用于海洋、河口的流场结构调查、流速和流量测验等。

理论上讲，ADCP 测流与传统的人工船测，桥测，缆道测量，和涉水测量的基本原理一样。在测流断面上布设多条垂线，在每条垂线处测量水深并测量多点的流速从而得到垂线平均流速，而 ADCP 流量测量时垂线可以很多，每条垂线上的测点也很多。其他方面：传统流速仪法是静态方法，流速仪是固定的，ADCP 方法是动态方法，ADCP 在随测量船运动过程中进行测验；传统流速仪法要求测流断面垂直于河岸，ADCP 方法不要求测流断面垂直于河岸，测船航行的轨迹可以是斜线或曲线。

2. ADCP 使用方法

ADCP 基本上有两种安装方式和应用，一种是安装在固定平台上（如河底或海底）进行定点垂线（或水平）流速分层测量（在海洋水文中称为流速剖面测量）。例如 RDI 公司生产的"骏马"系列"哨兵"型 ADCP。河流流量测验中，一般安装在活动或移动平台上（如调查船上）进行走航流速剖面测量。例如 RDI 公司生产的"骏马"系列"瑞江"牌 ADCP，见图 2-36。

ADCP 通过跟踪水体中颗粒物的运动（称为水跟踪）所测量的速度是水流相对于 ADCP 的速度。测船带动 ADCP 进行河道测流，"水跟踪"测量的相对速度扣除船速后才得到水流的绝对速度，图 2-37 为 ADCP 行驶轨迹图。

图 2-36 瑞江牌 ADCP

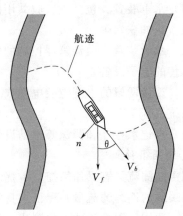

图 2-37 ADCP 行驶轨迹

为了计算流量，ADCP 在走航中测验如下数据。

（1）相对流速（由水跟踪测出）。

（2）船速（由底跟踪测出，或由 GPS 测验数据算出）。

（3）水深（由底跟踪测出）。

（4）测船航行轨迹（由船速数据得出，或由 GPS 测出）。

这些数据（包括流速，船速，水深等）由电脑在系统操作软件控制下实时采集、处理，并实时计算每一微断面的流量，当作业船沿某断面从河一侧时，即给出河流流量。

在进行断面流量测验过程中，测船航行实际测验的区域为断面的中层区域。这个区域称为 ADCP 实测区，如图 2-38 所示。而在四个边缘区域内 ADCP 不能提供测验数据或有效测验数据。第一个区域靠近水面（表层），其厚度大约为 ADCP 换能器入水深度、ADCP 盲区以及单元尺寸一半之和。第二个区域靠近河底（底层），称为"旁瓣"影响区，其厚度取次于 ADCP 声束角（即换能器与 ADCP 轴线的夹角）。例如，对于声束角为 20°的 ADCP，"旁瓣"影响区的厚度大约为水深的 6%。第二个和第四个区域为靠近两侧河岸的区域，因其水深较浅，测验船不能靠近垂线且垂线上少于两个有效测验单元。这 4 个区域通称为非实测区，其流速、流量需要通过实测区数据外延来估算。

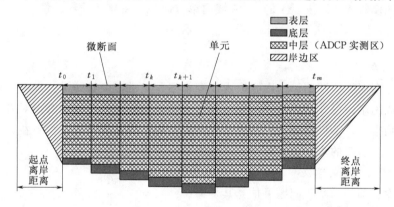

图 2-38　ADCP 实测区、非实测区、微断面及单元示意图

第四节　泥　沙　测　验

一、概述

天然河流中的泥沙经常淤积河道，并对河流的水情、水利水电工程的兴建、河流的变迁及治理产生巨大的影响，因此有必要对河流泥沙的运行规律及其特性进行研究。泥沙资料也是一项极其重要的水文信息资料。河流泥沙测验，就是对河流泥沙进行直接的观测，为分析研究提供基本资料。

河流中的泥沙，按其运动形式可分为悬移质、推移质和河床质三类。悬移质泥沙浮于水中并随之运动；推移质泥沙受水流冲击沿河底移动或滚动；河床质泥沙则相对静止而停留在河床上。三者没有严格的界线，随水流条件的变化而相互转化。但三者特性不同，测验及计算方法也各不相同。

1. 泥沙测验术语

（1）全沙输沙量 S（kg 或 t）。

$$S = W_s + W_b = (Q_s + Q_b)t \qquad (2-36)$$

式中：W_s 为某一时段内通过测验断面的悬移质输沙干沙质量，kg 或 t；W_b 为某一时段内通过测验断面的推移质输沙干沙质量，kg 或 t。

（2）悬移质含沙量 C_s（g/m³ 或 kg/m³）。单位体积浑水中所含悬移质干沙的质量，即

$$C_s = \frac{W_s}{V} \qquad (2-37)$$

（3）输沙率 Q_s、Q_b（kg/s）。单位时间内通过河流某一横断面的悬移质或推移质的质量，分别称为悬移质输沙率 Q_s 和推移质输沙率 Q_b，两者之和即为全沙输沙率。

（4）断沙 C_s（kg/m³）。悬移质断面平均含沙量。

（5）单沙含沙量（单沙）C_m（kg/m³）。断面上有代表性的垂线或测点的悬移质含沙量。

（6）侵蚀模数 M_s［t/(km²·a)］。流域内单位面积上每年的输沙总量。

$$M_s = \frac{S}{A} \qquad (2-38)$$

2. 泥沙的危害

由于泥沙在河渠、湖泊、水库和取水口经常淤积，常常会给防洪、发电、灌溉、航运和供水等造成困难。另外泥沙淤积及泥沙对水工建筑物和水力机械的磨损对有关工程的建设和运用影响很大，不仅会增加工程造价和维护费用，而且会降低工程效益，缩短工程寿命。此外由泥沙引起的水土流失对生态环境的影响也很大。

3. 研究河流泥沙的意义

（1）水库、湖泊的淤积问题可估算其寿命。

（2）河道变迁、河床整治。

（3）为水土保持提供依据。

（4）泥沙测验，系统地收集泥沙数据，探明河流泥沙的来源、数量、特性和运动变化的规律，对于流域治理、河流开发和有关工程的规划设计与运行管理等提供依据。

二、悬移质泥沙测验

描述河流中悬移质泥沙的情况，常用含沙量和输沙率来表示。将单位体积内所含干沙的质量，称为含沙量，用 C_s 表示，单位为 kg/m³。将单位时间流过河流某断面的干沙质量，称为输沙率，以 Q_s 表示，单位为 kg/s。整个断面输沙率是通过断面上含沙量测验配合断面流量测量来推求的。

（一）含沙量的测量

悬移质含沙量测验的目的是为了推求通过河流测验断面的悬移质输沙率及其随时间的变化过程。含沙量测验，一般需要采样器从水流中采集水样。如果水样是取自固定测点，

称为积点式取样；如果取样时，取样瓶在测线上由上到下（或上、下往返）匀速移动，称为积深式取样，该水样代表测线的平均情况。

我国目前使用较多的采样器有横式采样器（图 2-39）和瓶式采样器（图 2-40）。横式采样器的器身为圆筒形，容积一般为 0.5～5L。取样前把仪器安装在悬杆上或悬吊着铅鱼的悬索上，使取样筒两边的盖子张开。取样时，将仪器放至测点位置，器身与水流方向一致，水从筒中流过。操纵开关，借助两端弹簧拉力使筒盖关闭，即可取得水样。瓶式采样器的容积一般为 0.5～2L，瓶口上安装有进水管和排气管，两管口的高差为静水头 ΔH，用不同管径的管嘴与 ΔH，可调节进口流速。取样时，将其倾斜地装在悬杆或铅鱼上，进水管迎向水流方向，放至测点位置，即可取样。

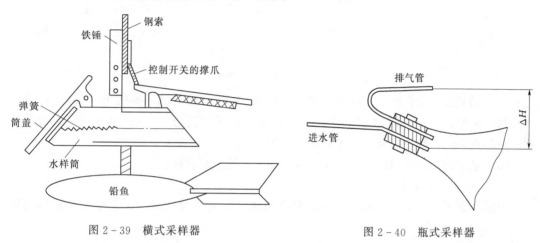

图 2-39　横式采样器　　　　　　　　　图 2-40　瓶式采样器

不论用何种方式取得的水样，都要经过量积、沉淀、过滤、烘干、称重等手续，才能得出一定体积浑水中的干沙质量。水样的含沙量可按式（2-37）计算：

$$C_s = \frac{W_s}{V} \tag{2-39}$$

式中：C_s 为水样含沙量，g/L 或 kg/m³；W_s 为水样中的干沙质量，g 或 kg；V 为水样体积，L 或 m³。

当含沙量较大时，也可使用同位素测沙仪测量含沙量。该仪器主要由铅鱼、探头和晶体管计数器等部分组成。应用时只要将仪器的探头放至测点，即可根据计数器显示的数字由工作曲线上查出测点的含沙量。它具有准确、及时、不取水样等突出的优点，但应经常对工作曲线进行校正。

（二）输沙率测验

输沙率测验是由含沙量测定与流量测验两部分工作组成的，测流方法前已介绍。为了测出含沙量在断面上的变化情况，由于断面内各点含沙量不同，因此输沙率测验和流量测验相似，需在断面上布置适当数量的取样垂线，通过测定各垂线测点流速及含沙量，计算垂线平均流速及垂线平均含沙量，然后计算部分流量及部分输沙率。一般取样垂线数目不少于规范规定流速仪精测法测速垂线数的一半。当水位、含沙量变化急剧时，或积累相当资料经过精简分析后，垂线数目可适当减少。但是，不论何种情况，当河宽大于 50m 时，取样垂线不少于 5 条；水面宽小于 50m 时，取样垂线不应少于 3 条。垂线上测点的分布，视水深大小以及要求的精度而不同，有一点法、二点法、三点法、五点法等。

1. 垂线平均含沙量计算

根据测点的水样，得出各测点的含沙量之后，可用流速加权计算垂线平均含沙量。例如畅流期的垂线平均含沙量的计算式为

$$\text{五点法：} \quad C_{sm}=\frac{1}{10v_m}(C_{s0.0}v_{0.0}+3C_{s0.2}v_{0.2}+3C_{s0.6}v_{0.6}+2C_{s0.8}v_{0.8}+C_{s1.0}v_{1.0}) \tag{2-40}$$

$$\text{三点法：} \quad C_{sm}=\frac{1}{3v_m}(C_{s0.2}v_{0.2}+C_{s0.6}v_{0.6}+C_{s1.0}v_{1.0}) \tag{2-41}$$

$$\text{二点法：} \quad C=\frac{C_{s0.2}v_{0.2}+C_{s0.8}v_{0.8}}{v_{0.2}+v_{0.8}} \tag{2-42}$$

$$\text{一点法：} \quad C_{sm}=aC_{s0.5} \text{ 或 } C_{sm}=bC_{s0.6} \tag{2-43}$$

式中：C_{sm} 为垂线平均含沙量，kg/m^3；C_{si} 为测点含沙量，脚标 i 为该点的相对水深，kg/m^3；v_i 为测点流速，m/s，脚标 i 的含义同上；v_m 为垂线平均流速，m/s；a、b 为一点法的系数，由多点法的资料分析确定，无资料时可用 1.0。

如果是用积深法取得的水样，其含沙量即为垂线平均含沙量。

2. 断面输沙率计算

根据各条垂线的平均含沙量 C_{smi}，配合测流计算的部分流量，即可求得断面输沙率 $Q_s(t/s)$ 为

$$Q_s=\frac{1}{1000}\left[C_{sm1}q_1+\frac{1}{2}(C_{sm1}+C_{sm2})q_2+\cdots+\frac{1}{2}(C_{smn-1}+C_{smn})q_n+C_{smn}q_n\right] \tag{2-44}$$

式中：q_i 为第 i 根垂线与第 $i-1$ 根垂线间的部分流量，m^3/s；C_{smi} 为第 i 根垂线的平均含沙量，kg/m^3。

$$\text{断面平均含沙量：} \quad C_s=\frac{Q_s}{Q}\times1000 \tag{2-45}$$

3. 单位水样含沙量与单沙、断沙关系

上面求得的悬移质输沙率，是测验当时的输沙情况。而工程上往往需要一定时段内的输沙总量及输沙过程，如果要用上述测验方法来求出输沙的过程是很困难的，而且很难实现逐日逐时施测。人们从不断的实践中发现，当断面比较稳定，主流摆动不大时断面平均含沙量与断面某一垂线平均含沙量之间有稳定关系。通过多次实测资料的分析，建立其相关关系，这种与断面平均含沙量有稳定关系的断面上有代表性的垂线和测点含沙量，称单样含沙量，简称单沙；相应地把断面平均含沙量简称断沙。经常性的泥沙取样工作可只在此选定的垂线（或其上的一个测点）上进行，这样便大大地简化了测验工作。

根据多次实测的断面平均含沙量和单样含沙量的成果，可以单沙为纵坐标，以相应断沙为横坐标，点绘单沙与断沙的关系点，并通过点群中心绘出单沙与断沙的关系线（图2-41）。利用绘制的单沙与断沙关系，由各次单沙实测资料推求相应的断沙和输沙率，可进一步计算日平均输沙率、年平均输沙率及年输沙量等。

单沙的测次，平水期一般每日定时取样 1 次；含沙量变化小时，可 5～10 日取样 1 次；含沙量有明显变化时，每日应取 2 次以上。洪水时期，每次较大洪峰过程，取样次数不应少于 7～10 次。

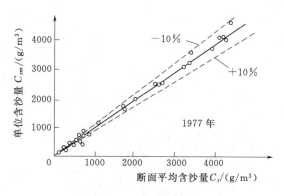

图 2-41 沱江李家湾水文站 1977 年
单沙与断沙关系图

三、推移质泥沙测验

1. 推移质输沙率测验

推移质泥沙测验是为了测定推移质输沙率及其变化过程。推移质输沙率是指单位时间内通过测验断面的推移质泥沙重量，单位为 kg/s。测验推移质时，首先确定推移质的边界，在有推移质的范围内布设若干垂线，施测各垂线的单宽推移质输沙率；然后计算部分宽度上的推移质输沙率；最后累加求得断面推移质输沙率（简称断推）。由于测验断推工作量大，故也可以用一条垂线或两条垂线的推移质输沙率（称为单位推移质输沙率，简称单推）与断推建立相关关系，用经常测得的单推和单推-断推关系推求断推及其变化过程，从而使推移质测验工作大为简化。

推移质取样的方法，是将采样器放到河底直接采集推移质沙样。因此，推移质采样器应具有的一般性能是：进口流速与天然流速一致，仪器口门的下沿能贴紧河床，口门底部河床不发生淘刷；采样器的采样效率高且较稳定；便于野外操作，适用于各种水深和流速条件下取样。

由于推移质粒径不同，推移质采样器分为沙质和卵石两类。沙质推移质采样器适用于平原河流。我国自制的这类仪器有黄河 59 型（图 2-42）和长江大型推移质采样器。卵石推移质采样器通常用来施测 1.0～30cm 粗粒径推移质，主要采用网式采样器，有软底网式和硬底网式（图 2-43）两种。

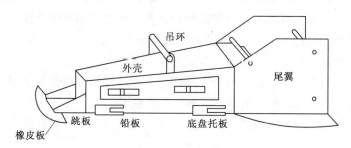

图 2-42 黄河 59 型推移质采样器

2. 推移质输沙率的计算

利用推移质采样器实测输沙率，首先要计算各取样垂线的单宽推移质输沙率，即

$$q_b = \frac{1000W_b}{tb_k} \tag{2-46}$$

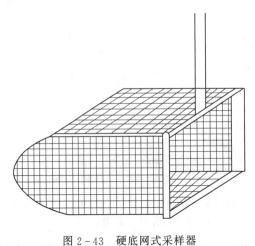

图 2-43　硬底网式采样器

式中：q_b 为单宽推移质输沙率，g/（s·m）；W_b 为推移质沙样重，g；t 为取样历时，s；b_k 为取样器的进口宽度，cm。

断面推移质输沙率用下式计算：

$$Q_b = \frac{1}{2000} K [q_{b1}b_1 + (q_{b1} + q_{b2})b_2 + \cdots + (q_{bn-1} + q_{bn})b_{n-1} + q_{bn} + b_n]$$

$$(2-47)$$

式中：Q_b 为断面推移质输沙率，kg/s；q_{b1}，q_{b2}，$\cdots$，q_{bn} 为各垂线单宽推移质输沙率，g/（s·m）；b_2，b_3，$\cdots$，b_{n-1} 为各取样垂线间的间距，m；b_1，b_n 为两端取样垂线至推移质运动边界的距离，m；K 为修正系数，为采样器采样效率的倒数，通过率定求得。

四、泥沙颗粒分析及级配曲线

泥沙是由许多粒径不同的沙粒组成。沙样中各种粒径的泥沙各占多少（百分比）的分配情况，即该泥沙的颗粒级配。反映这种级配情况的曲线图称为颗粒级配曲线，它是研究河流、水库冲淤变化的基本资料之一。

（一）泥沙颗粒分析法

颗粒分析的目的是为开发利用水沙资源和进行水利及有关工程建设服务，取得泥沙颗粒级配的断面分析和变化过程的资料。

泥沙颗粒分析的具体内容，就是将有代表性的沙样，按颗粒大小分级，分别求出各级粒径的泥沙重量百分数，其成果绘在半对数纸上，并用曲线表示成为泥沙颗粒级配曲线。

泥沙颗粒分析方法，应根据泥沙粒径大小、取样多少，进行选择。目前常使用的有筛分析法、粒径计法、比重计法、移液管法等，这些方法也可相互配合使用。

筛分析法适用于粒径大于 0.1mm 的泥沙颗粒分析，设备简单，操作方便。先取适量沙样烘干称重。根据沙样中最大粒径，准备好粗细筛数只，按大孔径在上、小孔径在下的顺序叠置，最上一层有筛盖，最下一层有筛底盘。将沙样倒入粗筛最上层筛内，加盖后放在振筛机上振动约 15min，然后从最下层筛开始，直至最上一层筛为止，依次称重各层筛的净沙量。根据称重结果，可按式（2-48）计算小于、等于各种粒径沙重百分数 P（%）。

$$P = \frac{A}{W_g} \times 100\%$$

$$(2-48)$$

式中：A 为小于、等于某粒径的沙重，g；W_g 为总沙重，g。

粒径计法、比重计法、移液管法属于水分析法，一般用于粒径小于 0.1mm 的泥沙颗粒分析。它们都是以不同粒径的泥沙颗粒，在静水中具有不同的沉降速度这一特性为依据。测出沉降速度后，分别用下述沉速公式计算出相应的粒径，便可推求泥沙颗粒级配。颗粒沉降速度及水分析颗粒直径的计算，按颗粒大小，分别选用下列公式。

粒径小于或等于 0.1mm 时，采用斯托克斯公式：

$$W = \frac{r_s - r_w}{1800\mu} D^2 \qquad (2-49)$$

粒径为 0.15～1.5mm 时，采用冈查洛夫第二公式

$$W = 6.77 \frac{r_s - r_w}{r_w} D + \frac{r_s - r_w}{1.92 r_w} \left(\frac{T}{26} - 1 \right) \qquad (2-50)$$

粒径大于 1.5mm 时，采用冈查洛夫第三公式：

$$W = 33.1 \sqrt{\frac{r_s - r_w}{10 r_w}} D \qquad (2-51)$$

式中：ω 为沉降速度，cm/s；D 为颗粒直径，mm；μ 为水的动力黏滞系数，$(g \cdot s)/cm^2$；r_s 为泥沙的比重；r_w 为水的比重；T 为温度，℃。

粒径为 0.1～0.15mm 时，可将式（2-49）与式（2-51）的粒径与沉速关系曲线直接连接查用。

（二）泥沙颗粒分析成果的计算

在每个悬移质、推移质、河床质沙样颗粒分析的基础上计算出悬移质、推移质、河床质的断面平均颗粒级配和平均粒径。

1. 悬移质垂线平均颗粒级配的计算

悬移质泥沙颗粒分析所用沙样若按积深法采得，则颗分成果即为垂线平均颗粒级配。如沙样是用积点法取得，则只能代表测点上的颗粒级配，此时应用垂线各测点输沙率加权法计算垂线平均颗粒级配，即

$$P_m = \frac{\sum a_i C_{si} P_i v_i}{\sum a_i C_{si} v_i} \qquad (2-52)$$

式中：P_m 为垂线平均小于、等于某粒径的悬移质沙重百分数，%；P_i 为垂线各测点小于、等于某粒径的悬移质沙重百分数，%；a_i 为垂线各测点流速的权重，和计算垂线平均流速时相同；C_{si} 为垂线各测点含沙量，kg/m^3 或 g/m^3；v_i 为垂线各测点流速，m/s。

例如畅流期三点法的计算式为

$$P_m = \frac{P_{0.2} C_{s0.2} v_{0.2} + P_{0.2} C_{s0.2} v_{0.6} + P_{0.6} C_{s0.8} v_{0.8}}{C_{s0.2} v_{0.2} + C_{s0.6} v_{0.6} + C_{s0.8} v_{0.8}} \qquad (2-53)$$

式中：P_m 为垂线平均小于、等于某粒径的沙重百分数，%；$P_{0.2}$ 为相对水深 0.2 处的测点小于、等于某粒径的沙重百分数，%，其余类推；$C_{s0.2}$ 为相对水深 0.2 处的测点含沙量，kg/m^3 或 g/m^3，其余类推；$v_{0.2}$ 为相对水深 0.2 处的测点流速，m/s，其余类推。

2. 悬移质、推移质、河床质断面平均颗粒级配的计算

凡用全断面混合法取样作颗粒分析，其成果即作为断面平均悬移质颗粒级配。否则，应用输沙率加权平均计算断面平均悬移质颗粒级配。计算公式如下：

$$\overline{P} = \frac{(2q_{s0} + q_{s1}) P_{m1} + (q_{s1} + q_{s2}) P_{m2} + \cdots + [q_{s(n-1)} + 2q_{sn}] P_{mn}}{(2q_{s0} + q_{s1}) + (q_{s1} + q_{s2}) + \cdots + [q_{s(n-1)} + 2q_{sn}]} \qquad (2-54)$$

式中：$\overline{P}$ 为断面平均小于、等于某粒径的悬移质沙重百分数，%；q_{s0}，q_{s1}，$\cdots$，q_{sn} 为以取样垂线分界的部分输沙率，kg/s 或 t/s；P_{m1}，P_{m2}，$\cdots$，P_{mn} 为各取样垂线的垂线平均小

于、等于某粒径悬移质沙重百分数,%。

推移质断面平均颗粒级配,用垂线推移质输沙率加权平均计算,即

$$\overline{P}=\frac{(b_1+b_2)q_{b1}P_1+(b_2+b_3)q_{b2}P_2+\cdots+(b_{n-1}+b_n)q_{b(n-1)}P_{n-1}}{(b_1+b_2)q_{b1}+(b_2+b_3)q_{b2}+\cdots+(b_{n-1}+b_n)q_{b(n-1)}} \tag{2-55}$$

式中:$\overline{P}$ 为断面平均小于、等于某粒径的推移质沙重百分数,%;b_2,b_3,$\cdots$,b_{n-1} 为各取样垂线间的距离,m;b_1,b_n 为两端垂线与推移质边界的间距,m;q_{b1},q_{b2},$\cdots$,q_{bm} 为以取样垂线分界的部分输沙率,kg/s 或 t/s;P_1,P_2,$\cdots$,P_{n-1} 为各取样垂线小于、等于某粒径推移质沙重百分数,%。

河床质断面平均颗粒级配用河宽加权法计算,即

$$\overline{P}=\frac{(2b_1+b_2)P_1+(b_2+b_3)P_2+\cdots+(b_{n-1}+2b_n)P_{n-1}}{(2b_1+b_2)+(b_2+b_3)+\cdots+(b_{n-1}+2b_n)} \tag{2-56}$$

式中:$\overline{P}$ 为断面平均小于、等于某粒径的河床质沙重百分数,%;b_2,b_3,$\cdots$,b_{n-1} 为各取样垂线间的距离,m;b_1,b_n 为两端垂线与河边的间距,m;P_1,P_2,$\cdots$,P_{n-1} 为各取样垂线小于、等于某粒径河床质沙重百分数,%。

通过泥沙颗粒分析,然后在半对数格纸上以横坐标表示泥沙粒径 D,纵坐标表示小于或等于该粒径的泥沙所占重量的百分比 P,点出 D-P 关系,图2-44即为泥沙颗粒级配曲线。

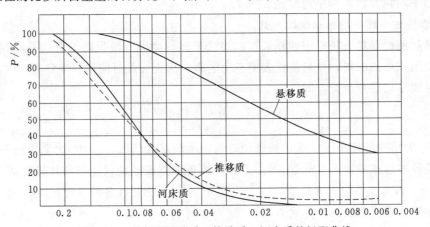

图2-44 某断面悬移质、推移质、河床质的级配曲线

3. 悬移质、推移质、河床质断面平均粒径的计算

断面平均颗粒级配,简称断颗。断颗测验与分析都比较费事。常利用单样颗粒级配(简称单颗)与断颗之间的关系,通过观测单颗变化过程来推求断颗的变化过程。

各种泥沙的断面平均粒径可根据相应的断面平均颗粒级配曲线分组,用沙重百分数加权求得。计算公式如下:

$$D=\frac{\sum \Delta P_i D_i}{100} \tag{2-57}$$

$$D_i=\frac{D_{上}+D_{下}+\sqrt{D_{上}+D_{下}}}{3} \tag{2-58}$$

式中:D 为断面平均粒径,mm;ΔP_i 为第 i 组沙重百分数,%;D_i 为第 i 组平均粒径,mm;$D_{上}$、$D_{下}$ 为某组上限、下限粒径,mm。

第五节 水 质 监 测

水是人类赖以生存的主要物质，根据其用途，不仅有量的要求，而且还有质的要求。水质又称水化学，它标志着各种水体中溶解质的化学成分及其含量。随着社会经济的发展和人口的增加，人类在对水资源需求量不断增加的同时，又将大量的生活污水、工业废水、农业回流水以及未经处理的水直接排入各种水体，造成江、河、湖、库及地下水资源的污染，引起水质恶化，从而影响水资源的利用及人体健康。所以在生活用水、灌溉、工业及养殖等方面，都需要了解水中有害物质的含量；在防止水源污染工作中，也需要掌握水源有害物质的变化情况。因此，必须充分合理地保护、使用和改善水资源，使其不受污染，这就是水质监测的目的。

一、地表水采样

（一）采样断面、采样垂线和采样点的设置

1. 准备工作

（1）调查研究和收集资料。主要收集水文、气候、地质、地貌、水体沿岸城市工业分布、污染源和排污情况、水资源的用途及沿岸资源等资料。

（2）综合分析。根据监测目的、监测项目和样品类型，结合调查的有关资料进行综合分析，确定采样断面和采样点。

2. 布设总原则

以最小的断面、测点数，取得科学合理的水质状况的信息。

3. 关键

取得有代表性的水样。

4. 考虑对象

（1）在大量废水排入河流的主要居民区，工业区的上游、下游。

（2）湖泊、水库、河口的主要出入口。

（3）河流主流、河口、湖泊水库的代表性位置，如主要的用水地区等。

（4）主要支流汇入主流、河流或沿海水域的汇合口。

在河段上一般应设置对照断面（又称背景断面）、消减断面各一个并根据具体情况设若干监测断面。

5. 采样垂线与采样点位置的确定

（1）考虑因素。纳污口的位置、水流状况、水生物的分布、水质参数特性等（各种水质参数的浓度在水体中分布的不均匀性）。

（2）河流上采样垂线的布置。

1）在污染物完全混合的河段中，断面上的任一位置，都是理想的采样点。

2）若各水质参数在采样断面上，各点之间有较好的相关关系，可选取一适当的采样点，据此推算断面上其他各点的水质参数值，并由此获得水质参数在断面上的分布资料及

断面的平均值。

3)《水环境监测规范》（SL 219—2013）规定的河流在检查断面上采样垂线的设置应符合表 2-7 的规定；北方地区封冻期，应以断面冰底宽度作为水面宽度设置采样垂线。

表 2-7　　　　　　　　　　　　　　采 样 垂 线 的 设 置

水面宽/m	采样垂线	说　　明
<50	1 条（中泓）	1. 应避开污染带，考虑污染带时，应增设垂线； 2. 能证明该断面水质均匀时，可适当调整采样垂线； 3. 解冻期采样时，可适当调整采样垂线
50~100	2 条（左、右岸有明显水流处）	
100~1000	3 条（左岸、中泓、右岸）	
>1000	5~7 条	

（3）湖泊、水库采样垂线的分布。《水环境监测规范》规定的湖泊、水库中应设采样垂线的设置见上述表 2-7。

（4）采样垂线上采样点的布置。《水环境监测规范》规定的河流、湖泊、水库在采样垂线上采样点的设置应符合表 2-8 的规定。

表 2-8　　　　　　　　　　　　　采 样 垂 线 上 采 样 点 的 设 置

水深/m	采　样　点	说　　明
<5	1 点（水面下 0.5m 处）	1. 水深不足 1.0m 时，在水深 1/2 处； 2. 封冻时在冰下 0.5m 处采样，有效水深不足 1.0m 处时，在水深 1/2 处采样； 3. 潮汐河段应分层设置采样点
5~10	2 点（水面下 0.5m、水底上 0.5m 处）	
>10	3 点（水面下 0.5m、水底上 0.5m、中层 1/2 水深处）	

（二）采样时间和采样频率

采集的水样要具有代表性，并能同时反映出空间和时间上的变化规律。因此，要掌握时间上的周期性变化或非周期性变化以确定合理的采样频率。

为便于进行资料分析，同一江河（湖、库）应力求同步采样，但不宜在大雨时采样。在工业区或城镇附近的河段应在汛前一次大雨和久旱后第一次大雨产流后，增加一次采样。具体测次，应根据不同水体、水情变化、污染情况等确定。

（三）采样准备工作

1. 采样容器材质的选择

因容器材质对水样在存储期间的稳定性影响很大，要求容器材质具有化学稳定性好、可保证水样的各组成成分在存储期间不发生变化；抗极端温度性能好，抗震，大小、形状和重量适宜，能严密封口，且容易打开；材料易得，价格低；容易清洗且可反复使用。如高压低密聚乙烯塑料和硼硅玻璃可满足上述要求。

2. 采样器的准备

根据监测要求不同，选用不同采样器。若采集表层水样，可用桶、瓶等直接采取，通常情况下选用常用采水器；当采样地段流量大、水层深时应选用急流采水器；当采集具有溶解气体的水样时应选用双瓶溶解气体采水器。

按容器材质所需要的洗涤方法将选定合适的采水器洗净待用。

3. 水上交通工具的准备

一般河流、湖泊、水库采样可用小船。小船经济、灵活，可达到任一采样位置。最好有专用的监测船或采样船。

（四）采样方法

1. 自来水的采集

先放水数分钟，使积累在水管中的杂质及陈旧水排除后再取样。采样器须用采集水样洗涤 3 次。

2. 河湖水库水的采集

考虑其水深和流量。表层水样可直接将采样器放入水面下 0.3～0.5m 处采样，采样后立即加盖塞紧，避免接触空气。深层水可用抽吸泵采样，并利用船等乘具行驶至特定采样点，将采水管沉降至所规定的深度，用泵抽取水样即可。采集底层水样时，切勿搅动沉积层。

二、地下水采集

（一）采样井布设

1. 布设原则

（1）全面掌握地下水质量状况，对地下水污染进行监视、控制。

（2）根据地下水类型分区与开采强度分区，以主要开采层为主布设，兼顾深层和自流地下水。

（3）尽量与现有地下水水位观测井网相结合。

（4）采样井布设密度为主要供水区密，一般地区稀；城区密，农村稀；污染严重区密，非污染区稀。

（5）不同水质特征的地下水区域应布设采样井。

（6）专用站按监测目的与要求布设。

2. 布设方法与要求

（1）在布设地下水采样井之前，应收集本地区有关资料，包括区域自然水文地质单元特征、地下水补给条件、地下水流向及开发利用、污染源及污水排放特征、城镇及工业区分布、土地利用与水利工程状况等。

（2）在下列地区应布设采样井。以地下水为主要供水水源的地区；饮水型地方病（如高氟病）高发地区；污水灌溉区，垃圾堆积处理场地区及地下水回灌区；污染严重区。

（3）平原（含盆地）地区地下采样井布设密度一般为 $200km^2$/眼，重要水源地或污染严重地区可适当加密；沙漠区、山丘区、岩溶山区等可根据需要，选择典型代表区布设采样井。

（4）采样井布设方法与要求。一般水资源质量监测及污染控制井根据区域水文地质单元状况，视地下水主要补给来源，可在垂直于地下水流的方向上，设置一个至数个背景值监测井；根据本地区地下水流向及污染源分布状况，采用网格法或放射法布设；根据产生地下水污染的活动类型均分布特征，采用网格法或放射法布设。

（5）多级深度井应沿不同深度布设数个采样点。

（二）采样时间和采样频率

（1）背景井点每年采样 1 次。

（2）全国重点基本站每年采样 2 次，丰、枯水期各 1 次。

（3）地下水污染严重的控制井，每季度采样 1 次。

（4）以地下水作生活饮用水源的地区每月采样 1 次。

（5）专用监测井按设置目的与要求确定。

（三）采样准备工作

采样器的材质与储样容器要求与地表水采样中的一样。

地下水水质采样器分为自动式与人工式，自动式用电动泵进行采样，人工式分活塞式与隔膜式，可按要求选用。采样器在测井中应能准确定位，并能取到足够量的代表性水样。

（四）采样方法与要求

（1）采样时采样器放下与提升时动作要轻，避免搅动井水及底部沉积物。

（2）用机井泵采样时，应待管道中的积水排净后再采样。

（3）自流地下水样品应在水流流出处或水流汇集处采集。

（4）水样采集量应满足检测项目与分析方法所需量及备用量要求。

三、水体污染源调查

向水体排放污染物的场所、设备、装置和途径等称为水体污染源。水体污染物按污源释放有害物种类分类及其来源归纳于表 2-9。

表 2-9　　　　　　　　　　　水体中主要污染物分类和来源

种类	名　称	主要来源
物理性污染物	热	热电站、核电站、冶金和石油化工等工厂排水
	放射性物质（如铀及裂变、衰变产生）	核生产废物、核试验沉降物、核医疗和核研究单位的排水
化学性污染物	无机物　铬	铬矿冶炼、镀铬、颜料等工厂的排水
	汞	汞的开采和冶炼、仪表、水银法电解以及化工等工厂的排水
	铅	冶金、铅蓄电池、颜料等工厂的排水
	镉	冶金、电镀和化工等工厂的排水
	砷	含砷矿石处理、制药、农药和化肥等工厂的排水
	氰化物	电镀、冶金、煤气洗涤、塑料、化学纤维等工厂的排水
	氮和磷	农田排水；粪便排水；化肥、制革、食品、毛纺等工厂的排水
	酸碱和盐	矿田排水；石油化工、化学纤维、化肥造纸、电镀、酸洗和给水处理等工厂的排水、酸雨
	有机物　酚类化合物	炼油、焦化、煤气、树脂等化工厂的排水
	苯类化合物	石油化工、焦化、农药、塑料、染料等化工厂的排水
	油类	采油、炼油、船舶以及机械、化工等工厂的排水

种类	名　　称	主 要 来 源
生物性 污染物	病原体	粪便、医院污水；屠宰、畜牧、制革、生物制品等工厂排水；灌溉和雨水造成的径流
	霉毒	制药、酿造、制革等工厂的排水

水体污染的调查就是根据控制污染、改善环境质量的要求，对某一地区水体污染造成的原因进行调查，建立各类污染源档案；在综合分析的基础上选定评价标准，估量并比较各类污染对环境的危害程度及其潜在危险，确定该地区的重点控制对象（主要污染源和主要污染物）和控制方法的过程。

(一) 水体污染源调查的主要内容

1. 水体污染源调查

(1) 污废水直接排入河道等水域的工业污染源。应调查以下内容：①企业名称、厂址、企业性质、生产规模、产品、产量、生产水平等；②工艺流程、工艺原理、工艺水平、能源和原材料种类及分耗量、消耗量；③供水类型、水源、供水量、水的重复利用率；④生产布局、污水排放系统和排放规律、主要污染物种类，排放浓度和排放量、排污口位置和控制方式以及污水处理工艺及设施运行状况。

(2) 城镇生活污染源。应调查以下内容：①城镇人口、居民区布局和用水量；②医院分布和医疗用水量；③城市污水处理厂设施、日处理能力及运行状况；④城市下水道管道分市状况；⑤生活垃圾处置状况。

(3) 农业污染源。应调查以下内容：①农药的品种、品名、有效成分、含量、使用方法、使用量和使用年限及农作物品种等；②化肥的使用品种、数量和方式；③其他农业废弃物。

2. 污水量及其所含污染物质的量

包括污水量及其所含污染物质的量随时间变化的过程。污水量测量频次应符合以下要求。

(1) 连续排放的排污口，每隔 6～8h 测量 1 次，连续施测 3 天。

(2) 间歇排放的排污口，每隔 2～4h 测量 1 次，连续施测 3 天。

(3) 季节性排放的排污口，应调查了解排污周期和排放规律，在排放期间每隔 6～8h 测量 1 次，连续施测 3 天。

(4) 脉冲型排放的排污口，每隔 2h 测量 1 次，连续施测 3 天。

(5) 排污口发生事故性排污时，每隔 1h 施测 1 次，延续时间可视具体情况而定。

(6) 对污水排放稳定或有明显排放规律的排污口，可适当降低测量频次。

(7) 潮汐河段应根据污水排放规律及潮汐周期确定测量频率。

3. 污染治理情况

(1) 污水处理设施对污水中所含成分及污水量处理的能力、效果。

(2) 污水处理过程中产生的污泥、干渣等的处理方式。

(3) 设施停止运行期间污水的去向及监测设施和监测结果等。

4. 污水排放方式和去向以及纳污水体的性状

（1）污水排放通道及其排放路径、排污口的位置及排入纳污水体的方式（岸边自流、喷排及其他方式）。

（2）排污口所在河段的水文水力学特征、水质状况，附近水域的环境功能污水对地下水水质的影响等。

5. 污染危害

（1）污染物对污染源所在单位和社会的危害。单位内主要是工作人员的健康状况；社会上指接触或使用污水后的人群的身体健康。

（2）有关生物群落的组成，生物体内有毒有害物质积累的情况。

（3）发生污染事故的情况，发生的原因、时间，造成的危害等。

6. 污染发展趋势

（1）污染物河流、湖泊和社会的危害有增加趋势。

（2）污染物致使生物群落产生部分种群的变异、消亡，生物体内有毒有害物质的积累有增加的趋势。

（二）水体污染源调查的方法

1. 表格普查法

由调查的主管部门设计调查表格，发至被调查单位或地区，请他们如实填写后收取。这种调查法的优点是花费少，调查信息量大。

2. 现场调查法

对污染源有关资料的实地调查，包括现场勘测，设点采样和分析等，现场调查可以是大规模的，也可以是区域性的、行业性的或个别污染源的所在单位调查。其优点是就该次现场调查结果，比其他调查方法都准确，但缺陷是调查是短时间的，存在着对总体代表性不好以及花费大。

3. 经验估算法

用典型调查和研究中所得到的某种函数关系对污染源的排放量进行估算的方法。当要求不高或无法直接获取数据时，不失为一种有效的办法。

第六节　水 文 调 查

水文调查是收集水文资料的一种方法，可用以补充水文测站定位观测之不足，更好地满足水文分析和计算、水利水电规划、设计和其他国民经济建设的需要。调查内容有自然地理、流域特征、水文气象、人类活动、暴雨、洪水、枯水以及灾害情况等。

一、洪水调查

应明确调查任务、调查目的、已有资料和地理条件、工作内容与方法。做好调查准备工作，组织一支有一定业务水平的调查队伍；收集调查流域的有关资料、历史文献以及旱涝灾害情况等。

1. 实地调查与勘测

深入群众，向知情者、古稀老人调查访问，共忆洪旱情景、指认洪痕位置，并从上游向下游按顺序编号，有条件可做永久性标志，注明洪水发生年月日，尽可能调查洪水起涨、洪峰、落平的时间，以利于洪水过程的估算。注意调查时河段的演变。勘测洪痕高程并测出相应纵、横断面。据调查资料，绘制调查河段简易平面图、纵横断面图，描述河段组成。各项调查图表均按相应规范规定绘制。

2. 洪峰流量和洪水总量计算

当调查河段洪痕与水文站紧邻（上、下游），可用水文站历史洪水延长该站 $Z-Q$ 关系曲线以求得调查河段洪峰流量。当调查河段较顺直、断面变化不大，水流条件近似明渠均匀流，则可用曼宁公式计算洪峰流量。应用的糙率可据调查河段特征查糙率表而得，由实测大断面、水力半径（可用平均水深代入）、比降可用上、下断面高差和两断面间距求得。如有漫滩，主河槽和滩地其糙率不同，公式中的 $n^{-1}R^{\frac{2}{3}}A$ 应滩、槽分开计算，再相加，然后与 $i^{\frac{1}{2}}$ 相乘得洪峰流量。

但天然河道洪水期很难满足均匀流的水力条件，另外洪痕误差也较大。为减少误差对比降 i 的影响，可用非均匀流的水面曲线法推算洪峰流量，该法详见水力学课程。

二、暴雨调查

历史久远的暴雨难以调查确切，只能靠群众回忆或与近期暴雨比较得出定性结论；也可通过群众对当时坑矿积水量、露天水缸或其他接水容积折算。

近期暴雨调查只有当暴雨区资料不足时才进行。因人们记忆犹新，可实地调查与勘测，得出较确切的定性和定量结论；也可参照附近雨量站记录分析估算而得。

三、枯水调查

有历史枯水调查和近期或当年的枯水调查。历史枯水可由有关枯水记载、石刻而得到。一般只能据当地较大旱情、无雨日数、溪河是否干涸来推算最小流量、最低水位和出现时间。当年枯水调查，可结合抗旱灌水量调查，如河道断流应调查开始时间、延续天数，有水流时可按简易法估算最小流量。

四、其他调查

流域、水系调查的主要内容包括：①地形、土壤、植被和水系等自然地理条件；②水位、流量、含沙量和水质等水文条件；③水利设施、土地利用、工农业用水、通航和社会经济等人类活动。洪泛区调查是查明不同重现期洪水的淹没范围、水深及其容量，要测定沿河厂矿、居民点、道路和田块等的位置和高程，在平面图上标出洪水能淹没的范围，为防洪调度和防护、转移工程措施的运用提供参考依据。

水资源调查主要是查明水量和水质的时间变化和地区分布，为水资源评价提供依据。调查范围大小视需要而定。

水量调查是查明水文站定位观测受蓄水、引水、排水和分洪等人类活动影响的水量，为水文数据的还原计算、水文规律的分析提供依据。这种调查一般是在测站以上的流域内和河段上进行的。

此外，还有为抗旱需要而进行的水源调查；为查明水体污染的水质调查；水网地区一定区域内进出水量和河网水量调查；灌溉用水调查；凌汛调查和河源调查等。

五、水文遥感

遥感技术，特别是航天遥感的发展，使人们能从宇宙空间的高度上，大范围、快速、周期性的探测地球上各种现象及其变化。遥感技术在水文科学领域的应用称为水文遥感。水文遥感具有以下特点：如动态遥感，从定性描述发展到定量分析，遥感遥测遥控的综合应用，遥感与地理信息系统相结合。

近年来，遥感技术在水文水资源领域得到一定程度的应用，并已成为收集水文信息的一种手段，尤其在水资源水文调查的应用更为显著。概括起来，有以下几方面：

（1）流域调查。根据卫星相片可以准确查清流域范围、流域面积、流域覆盖类型、河长、河网密度、河流弯曲度等。

（2）水资源调查。使用不同波段、不同类型的遥感资料，容易判读各类地表水，如河流、湖泊、水库、沼泽、冰川、冻土和积雪的分布；还可分析饱和土壤面积、含水层分布以估算地下水储量。

（3）水质监测。遥感资料进行水质监测可包括分析识别热水污染、油污染、工业废水及生活污水污染、农药化肥污染以及悬移质泥沙、藻类繁殖等情况。

（4）洪涝灾害的监测。包括洪水淹没范围的确定，决口、滞洪、积涝的情况，泥石流及滑坡的情况。

（5）河口、湖泊、水库的泥沙淤积及河床演变，古河道的变迁等。

（6）降水量的测定及水情预报。通过气象卫星传播器获取的高温和湿度间接推求降水量或根据卫片的灰度定量估算降水量，根据卫星云图与天气图配合预报洪水及旱情监测。此外，还可利用遥感资料分析处理测定某些水文要素如水深、悬移质含沙量等。利用卫星传输地面自动遥测水文站资料，具有维护量少、使用方便的优点，且在恶劣天气下安全可靠，不易中断，对大面积人烟稀少地区更加适用。

第七节　水文资料的收集

一、水文年鉴

水文资料的来源，主要是由国家水文站网按全国统一规定对观测的数据进行处理后的资料，即由主管单位分流域、干支流及上、下游，每年刊布一次的水文年鉴。水文年鉴是把数量庞大、各水文测站的水文观测原始记录、分析、整理，编制成简明的图表，汇集刊印成册，供给用户使用，是水文数据储存和传送的一种方式。中国在20世纪50年代初全面整编刊印了历史上积存的水文资料，此后将水文资料逐年加以整理刊布。从1958年起，统一命名为《中华人民共和国水文年鉴》，并按流域、水系统一编排卷册。1964年做过一次调整。调整后，全国水文年鉴分为 10 卷、74 册。如长江流域属第 6 卷，共 20 册。

水文年鉴刊有测站分布图、水文站说明表和位置图，以及各站的水位、流量、泥沙、水温、冰凌、水化学、地下水、降水量、蒸发量等资料，从 1986 年起，陆续实行计算机存储、检索，以供水文预报方案的制定、水文水利计算、水资源评价、科学研究和有关国民经济部门应用。水文年鉴中不刊布专用站和实验站的观测数据及处理分析成果，需要时可向有关部门收集。当上述水文年鉴所载资料不能满足要求时，可向其他单位收集。例如，有关水质方面更详细的资料，可向环境监测部门收集；有关水文气象方面的资料，可向气象台站收集。

1949 年以来刊印的水文年鉴已积累了较长的水文资料系列，它已经成为国民经济建设备有关部门用于规划、设计和管理的重要基础资料，是一部浩瀚的水文数据宝库。随着计算机在水文资料整编、存储方面的广泛应用和水文数据库的快速发展，水文年鉴和水文数据库相辅相成、逐步完善，水文部门服务社会的方式进入了一个新时代。

二、水文手册和水文图集

水文手册是供中小型水利、水电工程中的水文计算用的一种工具书，内容一般包括降水、径流、蒸发、暴雨、洪水、泥沙、水质等水文要素的计算公式和相应的水文参数查算图表，并有简要的应用说明和有关的水文特征数据。中小河流的水文特性，主要取决于当地的气候、地形、地质、土壤和植被等自然条件，其中气候起主要作用。因此，根据水文测站的观测数据，结合流域自然条件，建立各种水文要素的计算公式，给出相应的气候、水文地理参数图表，便可供无实测数据的中小河流的水利、水电工程设计计算参考。中国的水文手册，从 1959 年开始编制。由原水利电力部水利水电科学研究院水文研究所提出统一的编制提纲和编制方法，由各省、直辖市、自治区水文水资源勘测、规划及设计部门，根据历年水文、气象资料综合分析，分省、直辖市、自治区编印出版。随着水文、气象数据的积累，计算方法的完善，水文手册间隔一定的年限加以修订。由于所包含的内容不同，有的手册称为径流计算手册，有的称暴雨洪水查算图表。

水文图集是根据水文观测数据和科研成果数据综合研制汇编而成的，也是一种工具书，一般包括降水、蒸发、地表径流、地下水、水质、暴雨、泥沙和冰情等水文要素图，也包括河流、水系和水文测站分布图等。水文要素图系统地反映出水文特征的地区变化规律，是编制水利、农业、城市建设、工矿和交通等各类规划的重要参考资料，也可供水文、气象和地理等科学研究和教学应用。从 1955 年起中国科学院、原水利电力部水利水电科学研究院水文研究所，在各省、直辖市、自治区水利部门的配合下，编制了中国年雨量和年径流图表、中国暴雨参数图表。从 1958 年起中国水利水电科学研究院开始主编全国和各省、直辖市、自治区的水文图集，于 1963 年正式出版。《中国水文图集》共有各种水文要素图 70 幅，第一次比较系统全面地反映了中国各地降水、径流、蒸发、暴雨、洪水、泥沙、水质和冰情等水文特征的地区变化规律，水文测站分布和增长情况。20 世纪 70 年代以后，各省、直辖市、自治区新的水文图集陆续出版，除水资源开发利用外，还有水污染、水质、水源保护及水利旅游等图幅，比早期出版的图集内容更加丰富，具有较大的参考价值。

三、水文数据库

在应用电子计算机以前，水文数据以记录手稿或刊印年鉴形式保存和交流。随着数据种类的增加和数量的积累，这种形式不能满足数据管理和使用的需要。从 20 世纪 50 年代起，美国开始应用电子计算机处理水文观测数据。随着计算机技术的发展，这项技术也在不断变化和提高。20 世纪六七十年代，世界上一些国家先后建立起水文数据库和其他有关的数据库（如数据范围更广泛的水资源数据库和环境数据库等）。使用的设备与软件，数据的种类与数量及检索使用的方式等都在不断发展。中国在 1980 年开始筹建全国水文资料中心，开展这一工作。按照国家水文数据库建库标准化、规范化，水文数据准确性、连续性的要求，在现代信息技术支持下，依托水文计算机网络，20 多年来，逐步建立和开发全国分布式水文数据库及其各类相应的信息服务子系统，改变了我国水文资料在存储、传送、检索、分析方面的落后局面，极大地缩短了数据检索的时间，更好地满足了全国各方面对水文数据的需求。

采用计算机存储与检索水文数据，涉及数据管理的全过程。要求观测仪器具有便于计算机处理的记录方式，记录内容可直接在观测现场输入计算机，或通过无线电和通信线路远传进入计算机。利用水文数据库可以实现水文资料整编、校验、存储、处理的自动化，形成以 Internet 网传输、查询、浏览为主的全国水文信息服务系统。水文数据库的逐步建设和开发应用，必将促进水文工作的全面发展，产生巨大的社会效益与经济效益。

第三章 水文信息数据处理及整编

各种测站测得的水文信息原始数据，都要按科学的方法和统一的格式整理、分析、统计，提炼成为系统、完整且有一定精度的水文信息资料，供有关国民经济部门应用。水文信息数据的加工、处理过程，称为水文信息数据处理。

水文信息数据处理的工作内容包括：收集校核原始数据，编制实测成果表，确定关系曲线，推求逐时、逐日值，编制逐日表及水文信息要素摘录表，合理性检查，编制整编说明书。

第一节 测站考证和水位数据的处理及整编

一、测站考证

测站考证是考察和编写关于测站的位置、沿革、测验河段情况、基本测验设施的布设和变动情况、流域自然地理和人类活动情况等基本说明资料的工作。这些考证资料对于水文资料整编和使用者都具有重要的参考价值。测站考证需逐年进行，在设站的第一年要进行全面考证，以后每年出现的新情况和重大变化，也需考证说明。测站考证的主要内容和要求如下。

1. 测站沿革的考证

对测站的设立、停测、恢复、迁移、测站性质和类别及领导关系的变动等较大事件的发生时间、变动情况等，应进行测站沿革的考证，并于当年考证清楚。

2. 测站附近河段情况的考证

对测验河段及其附近河流情况应进行考证，考证内容包括：测验河段顺直长度及距弯道的距离；高中水控制条件；河床组成、冲淤、河岸坍塌及河道开挖治理情况；高水分流、漫滩和枯水期浅滩、沙洲出现情况；附近有无支流汇入及排水工程；上、下游附近固定或临时性阻水建筑物，重要的水情、沙情和冰情现象；感潮河段的潮汐影响程度；工矿废水排入及其对河流水质的污染情况等。

3. 测验断面和测验设施布设情况的考证

(1) 应查清基本水尺断面、测流断面和比降水尺断面的布设情况和相对位置。如某断面迁移，应查清其迁移的时间、原因、距离及方位等。

(2) 应查清主要测验设施建成年月及使用、更新、改建情况等。

4. 基面和水准点的考证

(1) 基面的考证。查清本站采用的冻结基面（或测站基面）与绝对基面（或假定基面）表示高程之间的换算关系。

（2）水准点的考证。查清各水准点本身有无因自然或人为因素影响，使高程数值发生变动。如果某水准点发生上升或下沉变动时，则其用冻结基面和绝对基面表示的高程均需做相应的改变。考证时，应根据水准点校测记录，分析判断变动的原因与时间，以确定各个时期的正确高程数值。

5. 水尺零点高程的考证

水尺零点高程可能因水准点高程变动、水准测量错误以及水尺本身被碰撞或冰冻而上拔等原因而发生变动，直接影响水位记录。考证时，应对本年各次水尺零点高程的接测或校测记录做全面检查，列表比较各次校测的日期、引据水准点、零点高程、水准测量误差及有关情况的说明。结合水准点考证结果，分析确定出各次校测时每支水尺的"取用零点高程"。如两次校测的取用零点高程有变动，应采用各种有效方法查明其变动原因和时间，确定出各时段应采用的水尺零点高程，并据此校核水位记录。

6. 测站以上（区间）主要水利工程基本情况的考证

主要查清测站以上（区间）各主要水利工程的类别、名称、位置、工程标准、建成日期以及使用、毁弃情况等。

7. 水库、堰闸的考证

对布设在水库、堰闸上面的水位站，除上述内容的考证外，尚需对水库、堰闸工程指标进行考证。

二、水位观测

水位是指河流、湖泊、水库及海洋等水体的自由水面的高程，以 m 计。水位观测的作用是直接为水利、水运、防洪、防涝提供具有单独使用价值的资料，如堤防、坝高、桥梁及涵洞、公路路面标高的确定；也可为推求其他水文数据提供间接运用资料，如水资源计算，水文预报中的上、下游水位相关等。水位的测定要有一个基面作为起点，水文测验中采用的基面有绝对基面、假定基面、测站基面和冻结基面。全河上、下游或相邻测站应尽可能采用一致的固定基面。使用水位资料时一定要查清其基面。

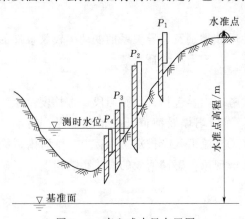

图 3-1　直立式水尺布置图

常用的水位观测设备有水尺、自记水位计（浮子式水位计、气泡式水位计、压力式水位计、超声波水位计等）。水尺按其结构形式有直立式、倾斜式、矮桩式和铅锤式。直立式水尺在岸边布置如图 3-1 所示。

1. 水尺水位观测

水位观测时，读取自由水面与水尺相截的淹没读数，加上该尺的零点高程则得水位，即水位等于水尺读数加水尺零点高程。水位包括基本水尺水位和比降水尺水位。基本水尺精度读至 0.01m，比降水尺读至 0.005m。基本水尺水位的观测段次以能反映水位变化过程为原则。水位平稳时，每日 8 时观测一次；水位变化缓慢时，每日 8 时、20 时观测两次；枯水期每日 20 时观测确有困难的站，可提前至其他时间观测；冰封期且无冰塞现象比较平稳时，可数日观测一次；洪水期或水位变化急剧时期，可每 1～6h 观测一次，暴涨暴落时，应根据需要增为每半小时或若干分钟观测一次，应测得各次峰、谷和完整的水位变化过程；比降水尺观测根据计算水面比降、糙率的需要，具体规定观测测次。潮水位观测时，在高、低潮前后，应每隔 5～15min 观测一次，应能测到高、低潮水位及出现时间。

2. 自记水位计设置与观测

自记水位计能自动记录水位连续变化过程，不遗漏任何突然的变化和转折，有的还能将所观测的数据以数字或图像的形式存储或远传，实现水位自动采集、传输。国产的自记水位计有 WFH-2 型全量机械编码水位计、HW-1000 非接触超声波水位计、WYD10 型压力式遥测水位计、FW390-1 型长期自记水位计等。自记水位计应设置在近河边（或海岸、库岸边）特设的自记井台上，自记井应牢固，进水管应有防浪和防淤措施。

自记水位计的观测，每日 8 时用设置的校核水尺进行校测（方法与直接水尺水位相同）和检查一次；水位变化剧烈时应适当增加校测次数；每日换纸一次（换纸时操作方法按说明书执行），当水位变化较平缓时，一纸可用多日。只要把校测水位及时间记在起始线即可，自记纸换下后，必要时进行时差和水位（水位记录与校核水位相差 2cm 以上、时差 5min 以上）订正。在订正基础上，进行水位摘录，摘录点次以能反映水位变化的完整过程，满足日平均水位计算和推算流量的需要为原则。

三、水位数据处理

水位资料是水文信息的基本项目之一，同时又是流量和泥沙数据处理的基础。水位资料出错，不仅影响其单独使用，而且会导致推求流量和输沙率资料时的一系列差错。因此，有必要对原始水位观测记录加以系统的处理，水位数据处理工作包括：水位改正与插补，日平均水位的计算，编制逐日平均水位表，绘制逐时、逐日平均水位过程线，编制洪水水位摘录表，进行水位资料的合理性检查，编写水位资料整编说明书等。

（一）水位资料的改正与插补

当出现水尺零点高程变动、短时间水位缺测或观测错误时，必须对观测水位进行改正或插补。当确定水尺零点高程变动的原因和时间后，可根据变动方式进行水位改正。水位插补可根据不同情况，分别选用以下方法。

1. 直线插补法

当水位变化平缓或水位变化大，但是呈一致（上涨或下落）趋势时，可以采用直线插补法，计算公式如下：

$$\Delta Z = \frac{Z_2 - Z_1}{n+1} \tag{3-1}$$

式中：ΔZ 为每日插补水位值，m；Z_1 为缺测前一日水位值，m；Z_2 为缺测后一日水位值，m；n 为缺测日数。

2. 过程线插补法

当缺测期间水位有起伏变化，如上（或下）游站区间径流增减不多、冲淤变化不大、水位过程线又大致相似时，可参照上（或下）游站水位的起伏变化，勾绘本站过程线进行插补。洪峰起涨点水位缺测，可根据起涨点前后水位的落、涨趋势勾绘过程线插补。

3. 水位关系曲线法

这种方法适用于缺测时间比较长的情况。用本站与临站的同时水位或相应水位的相关曲线插补。绘制相关曲线时，最好用当年的实测资料，如果当年资料不够或关系曲线并非简单的直线，而是在涨、落水位过程各有不同的趋势时，可利用往年的水位过程相似时期的资料。当河道冲淤剧烈时，此法难以得到满意的结果。

需要注意的是，插补所得的数据，无论采用哪种方法，都应在逐日平均水位表附注栏加以说明。

（二）日平均水位计算

由各次观测或从自记水位资料上摘录的瞬时水位值 $Z_i(i=1,2,3,\cdots,n)$ 计算日平均水位的方法有算术平均法和面积包围法两种。

1. 算术平均法

适用于 1 日内水位变化平缓，或变化虽大，但观测或摘录时距相等时。采用算术平均，计算公式为

$$\overline{Z} = \frac{1}{n}\sum_{i=1}^{n}Z_i \tag{3-2}$$

式中：Z_i 为每次观测水位值，m；n 为观测次数。

等时距是指本日第一次观测至次日第一次观测的整 24h 内，各测次之间时距相等（注意：此时并不要求一定从本日 0 时到次日 0 时，2 时、8 时、14 时、20 时也可）。

2. 面积包围法

适用于日水位变化较大，且不等时距观测或摘录时。将 1 日内 0—24 时水位过程线所包围的面积 A 除以 24h，A 用各梯形面积求和而得，如图 3-2 所示。计算见式（3-3）。

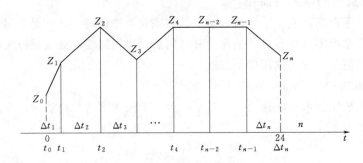

图 3-2　面积包围法计算示意图

$$\overline{Z} = \frac{1}{48}Z_0\Delta t_1 + Z_1(\Delta t_1 + \Delta t_2) + \cdots + Z_{n-1}(\Delta t_{n-1} + \Delta t_n) + Z_n\Delta t_n \tag{3-3}$$

计算时需注意与算术平均法的计算公式不同的地方之一是 Z_0、Z_{24} 必须参加计算，如无这两个时刻的观测数据，则需通过直线内插的方法先求出来。

(三) 逐日平均水位表的编制

逐日平均水位表要求列出全年的逐日平均水位、各月与全年的平均水位和最高、最低水位及其发生日期，有的测站还需统计出各种保证率水位。表 3-1 为逐日平均水位表。

表 3-1　　　　　　　　　　　　逐 日 平 均 水 位 表

年份：　　　测站编码：　　　表内水位（冻结基面以上米数）±×××m＝××基面以上米数

月份\日数	一月	二月	三月	四月	五月	六月	七月	八月	九月	十月	十一月	十二月
1												
2												
3												
4												
5												
⋮												
26												
27												
28												
29												
30												
31												
月统计	平均											
	最高											
	日期											
	最低											
	日期											
年统计	最高水位：　　　月　　日，最低水位：　　　月　　日，平均水位：											
	保证率水位最高　第 15 天　第 30 天　第 90 天　第 180 天　第 270 天　最低：											
附注												

将逐日平均水位值填入表中，在结冰河道的测站，应将每日主要冰情按技术规定的符号记载每日水位值右侧，并统计月、年的特征值，包括月、年平均水位，最高、最低水位及其出现日期。

1. 月、年平均水位的计算

按月（年）水位总和除以月（年）日数计算，计算公式如下：

$$月平均水位 = \frac{月每日平均水位之和}{月总日数} \tag{3-4}$$

$$年平均水位 = \frac{年每日平均水位之和}{年总日数} \tag{3-5}$$

需要注意的是，年每日平均水位之和不等于各月平均水位乘以 12，因为各月天数不同。

2. 各保证率水位的计算

一年中平均水位高于某一水位的天数称为该水位的保证率。其做法是：对全年各日平均水位由高到低排序，从中依次挑选第 1、15、30、90、180、270 天对应的水位，即为各种保证率水位。

（四）水位过程线的绘制

水位过程线是以水位 Z 为纵轴，时间 t 为横轴点绘的水位与时间的关系图，即 $Z=f(t)$。有逐日平均水位过程线与逐时水位过程线两种。逐时水位过程线是水位观测后随时点绘的，供进行流量数据处理时掌握和分析水文情势时使用，也是流量数据处理时的一项重要的参考资料，逐日平均水位过程线为水位数据处理成果之一，它简明地反映了全年的水情变化，在图上应标明最高、最低水位、河干、断流、冰清等有关的重要情况。

逐时水位是日平均水位，而最高、最低水位是瞬时水位，并且要用特定的符号表示出来；图幅名称、坐标要正确、完整，图幅比例恰当，绘制的曲线要粗细均匀、光滑，见图3-3。

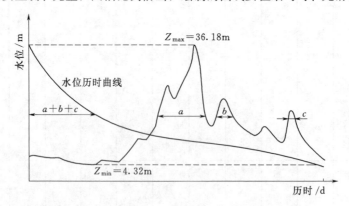

图3-3　某站某年逐日水位过程线及保证率水位曲线

（五）洪水水位摘录表的编制

它包括在洪水水位要素摘录表中，对洪水涨落比较急剧，日平均水位不能准确表示其变化过程的，需编制此表。摘录时应注意保持洪峰过程的原状。对水位测次不太多的站，可以直接取用全部水位记录；水位测次很多的站，可选摘。摘录时，对每年的主要大峰，最好在一个相对长的河段内都相应地加以摘录，以能使上、下游配套，便于做合理性检查；而对于一般洪峰，则要求相邻站能配套。暴雨形成的洪峰能与相应的降雨量摘录配套。为了满足水文预报和水文分析计算的需要，一般应摘录一下各种类型的洪峰：洪峰流量和洪峰总量最大的峰；含沙量和输沙的洪峰量最大的峰；孤立的洪峰；连续的洪峰；汛期开始的第一个洪峰；较大的凌汛和春汛的洪峰；久旱以后的洪峰。

（六）水位的合理性检查

1. 单站合理性检查

根据本年逐日或逐时水位过程线，检查水位变化的连续性，有无突涨突落现象，峰形变化是否正常，年头年尾是否与前、后年衔接。还应检查一年中洪水期、平水期、枯水期的变化趋势是否符合测站特性。必要时，可与历年水位过程线比较。或与雨量、冰凌资料对照检查。

当水位过程线有不合理或反常现象，应分析其原因。如水位不连续，是由于水准点或水尺零点高程的变动；观测、记载或计算的错误；水尺断面迁移或换尺时横比降的影响；突然决堤；数据处理时抄表绘图错误等原因。又如洪峰前、后水位相差较大，是由于断面冲淤；测站控制的变化；下游拦河坝倒坍等原因。

2. 综合合理性检查

（1）上、下游水位过程线对照。在无支流加入的河段上，相邻测站水位变化是相对应的。若发现水位变化过程不相对应，要检查原因。在有支流汇入的河段，下游站要与上游干、支流站同时对照、比较，必要时可参照区间降雨量资料。

（2）上、下游水位相关图检查。此法适用的条件是上、下游水流条件相似，河床无严重冲淤，无闸坝影响，水位关系密切。

（3）特征水位沿河长演变图检查。当一条河流，测站较密、比降平缓、各站绝对基面一致时，可用此法检查。其特征水位沿河长演变应是从河源平滑递降至河口。

（七）编写水位数据处理说明

简要地说明本年水位资料观测、处理的成果和问题，水情有特殊变化的应做说明。其内容包括：全年使用的水尺名称、编号、形式、位置；引据水准点、基本水准点及校核水准点的高程，并对经改正后肯定了的水尺零点高程进行备注说明；水位观测方法及各个时期的观测次数；处理水位数据中发现的问题及解决的办法；初步分析和检查的结果以及数据中存在的问题；对数据准确程度的说明及其他有关问题。

第二节　河道流量数据处理及整编

实测流量资料是一种不连续的原始水文资料，一般不能满足国民经济各部门对流量资料的要求。流量资料整理就是对原始流量资料按科学方法和统一的技术标准与格式进行整理分析、统计、审查、汇编和刊印的全部工作，以便得到具有足够精度的、系统的、连续的流量资料。

流量数据处理的方法很多，归纳起来大致可分两类：基本方法和辅助方法。基本方法以水位流量关系曲线法应用最广，它是通过实测资料建立水位与流量之间的关系曲线，用水位变化过程来推求流量变化过程。辅助方法是指当建立水位流量关系比较困难时，可通过其他途径来间接推求流量，如流量过程线法，上、下游测站水文要素相关法，降雨径流相关法等。一般来说，处理方法的选择与测验河段的水力特性、测站控制条件及测验条件有关，在满足控制精度的前提下应力求简单、合理，全年可视情况分期选用不同的处理方法。

流量数据处理主要包括定线和推流两个环节。定线是指建立流量与某种或两种以上实测水文要素间关系的工作，推流则是根据已建立的水位或其他水位或其他水文要素与流量的关系来推求流量。

河道流量数据处理工作的主要内容是：编制实测流量成果表和实测大断面成果表，绘制水位流量、水位面积、水位流速关系曲线，水位流量关系曲线分析和检验，数据整理，整编逐日平均流量表及洪水水文要素摘录表，绘制逐时或逐日平均流量过程线，单站合理性检查，编制河道流量资料整编说明表。

一、水位流量关系曲线的绘制

1. 稳定的水位流量关系曲线的确定

当河床稳定，控制良好，其水位流量关系就较稳定，关系曲线一般为单一线，绘制则较简单。在方格纸上，以水位为纵坐标，以流量为横坐标，点绘水位流量关系点。对突出的偏离点，在排除错误后，应分析其原因，如图 3-4 所示。

2. 不稳定的水位流量关系曲线的确定

不稳定的水位流量关系，是指在同一水位工作情况下，通过断面的流量不是定值，反映在点绘的水位流量关系曲线不是单一曲线。

根据水力学的曼宁公式，天然河道的流量可用下式表达

$$Q = n^{-1} A R^{\frac{2}{3}} s^{\frac{1}{2}} \tag{3-6}$$

式中：Q 为流量，m^3/s；A 为过水断面面积，m^2；R 为水力半径，m；n 为糙率；s 为水面比降。

式（3-6）表明，水位不变，A、R、n、s 任何一项发生变化，Q 将发生变化。天然河道发生洪水涨落、断面冲淤、变动回水、结冰或盛夏水草丛生等均会使 A、R、n、s 改变，从而影响水位流量关系的稳定，如图 3-5～图 3-7 所示。

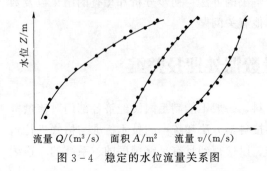

图 3-4　稳定的水位流量关系图　　　　图 3-5　受洪水涨落影响的水位流量关系图

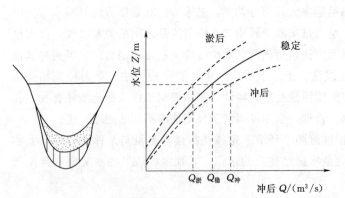

图 3-6　受冲淤影响的水位流量关系曲线　　　图 3-7　受回水影响的
水位流量关系曲线

水位流量关系不稳定时，应进行必要的技术处理。处理方法可视影响因素的复杂性而采用相应的技术处理。如断面冲淤变化为主时，断面冲淤后，断面依然稳定，故可分别确定冲淤前的 $Z-Q$ 关系线和冲淤后的 $Z-Q$ 关系线。冲刷或淤积的过渡时间里的 $Z-Q$ 关系线，用自然过渡、连时序过渡、内插曲线过渡等方法处理。这种方法称临时曲线法，如图 3-8 所示。如受多种因素影响时，实测流量次数较多时，可采用连时序法。连时序法是按实测流量点的时间顺序来连接的水位流量关系曲线。具体连线时，应参照水位变化过程及水位流量关系曲线变化情况进行。连时序的线型往往是绳套型，绳套顶部应与洪峰水位相切，绳套底应与水位过程线低谷相切，如图 3-9 所示。

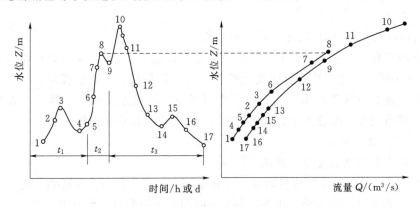

图 3-8　各临时曲线间的过渡示意图

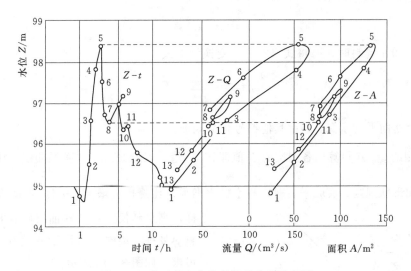

图 3-9　连时序水位流量关系曲线示意图

受洪水涨落影响为主的，整编方法有校正因素法、绳套曲线法、抵偿河长法；受变动回水影响的有定落差法、落差方根法、连实测流量过程线法；以水生植物或结冰影响为主的有临时曲线法、改正水位法、改正系数法等。具体可参考有关书籍。

在天然河道断面无实测资料时，为了水工建筑物设计的需要，可按水力学公式和过水断面资料计算流量，建立水位流量关系曲线。如附近有实测的水位流量关系曲线，可用明渠非均匀流的水面曲线法推求水位流量关系曲线。当厂坝建成后，可由实测下泄流量，观测下游水位来率定水位流量关系。

二、水位流量关系曲线的延长

水文站测流受其测验条件限制，难以测到整个水位变幅的流量资料，洪水时和枯水时均如此，所以需要将水位流量关系曲线延长。高水延长成果直接影响汛期的流量和洪峰流量；枯水流量虽小，但延长成果影响历时长，相对误差大。因此高低水位延长均要慎重。高水延长幅度不应超过当年实测流量的相应水位变幅的30%，低水延长不应超过10%。延长的方法如下。

1. 根据水位面积、水位流速关系曲线延长

河床比较稳定，相应的 $Z-A$、$Z-v$ 关系也比较稳定。$Z-A$ 关系，可由大断面资料而得；$Z-v$ 关系在高水时具有直线变化趋势，可按趋势延长，将延长部分的各级水位的对应面积和流速相乘即为所求的流量，从而延长 $Z-Q$ 关系曲线。这种方法在延长幅度内，断面不能有突变，如漫滩等，因这时的 $Z-v$ 关系不是直线趋势。

2. 用水力学公式延长

主要有曼宁公式法和史蒂文森法。

（1）曼宁公式法。有比降资料的站，可由 Q、A、s 求出各测次的糙率 n 值，点绘 $Z-n$ 关系并延长，确定高水的 n 值；再根据高水 s 值和大断面资料，则可用曼宁公式求断面流量，从而断面流速也可求得。

$$v = n^{-1} R^{\frac{2}{3}} s^{\frac{1}{2}} \tag{3-7}$$

若无 s 和 n 资料时，可将式（3-7）变换为下式

$$n^{-1} s^{\frac{1}{2}} = \frac{v}{R^{\frac{2}{3}}} \approx \frac{v}{\overline{h}^{\frac{2}{3}}} \tag{3-8}$$

式中：$\overline{h}$ 为断面平均水深，m；其他符号含义同前。

据实测的 Q、A 可算出各测次的 $\dfrac{v}{\overline{h}^{\frac{2}{3}}}$ 值即 $n^{-1} s^{\frac{1}{2}}$ 值，点绘 $Z-n^{-1} s^{\frac{1}{2}}$ 关系曲线。如测站河段顺直，断面形状规则，底坡平缓时，高水糙率增大，比降也会增大，$n^{-1} s^{\frac{1}{2}}$ 近似为常数，这样，高水延长 $Z-n^{-1} s^{\frac{1}{2}}$ 曲线可沿平行纵轴的趋势外延。据断面 $A\overline{h}^{\frac{2}{3}}$，则 $Q = n^{-1} A \overline{h}^{\frac{2}{3}} s^{\frac{1}{2}}$ 可求，如图3-10所示。

（2）史蒂文森法。即 $Q-A\sqrt{h}$ 延长法。由谢才公式知

$$Q = AC\sqrt{Rs} = A\sqrt{R}C\sqrt{s}$$

宽浅河流可用平均水深 $\overline{h}$ 近似代替 R，且高水部分 $C\sqrt{s}$ 近似常数，用 K 表示，则有

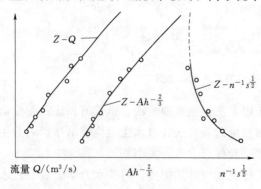

图3-10　曼宁公式延长水位流量关系

$$Q = KA\sqrt{\bar{h}} \tag{3-9}$$

式中：$\bar{h}$ 为过水断面平均水深，m；其余符号意义同前。

由式（3-9）可知，高水部分 Q-$A\sqrt{\bar{h}}$ 关系近似直线关系。具体做法是，据实测的 Q、Z、A 资料，计算 $A\sqrt{\bar{h}}$ 值；绘制 Z-$A\sqrt{\bar{h}}$ 曲线，再绘制相应的 Q-$A\sqrt{\bar{h}}$ 关系，直线延长 Q-$A\sqrt{\bar{h}}$。由 Z 在 Z-$A\sqrt{\bar{h}}$ 曲线查得 $A\sqrt{\bar{h}}$，再由 $A\sqrt{\bar{h}}$ 查 Q-$A\sqrt{\bar{h}}$ 曲线得 Q，把 Q 点绘在 Z-Q 关系曲线图上，这样即把 Z-Q 曲线延长到高水位，见图 3-11。

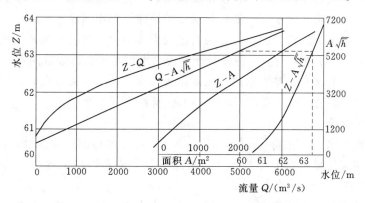

图 3-11 用 Q-$A\sqrt{\bar{h}}$ 曲线法延长水位流量关系

3. 低水延长

一般用水位面积、水位流速关系延长，并以断流水位为控制。断流水位是流量为零的水位。确定断流水位的方法是测站下游有浅滩或石梁，可以它的顶部高程为断流水位，但必须下游有控制断面资料才可。如无控制断面资料，但下游河底平坦段较长，则可取基本水尺断面河底最低点高程作为断流水位，此断流水位较可靠。

无条件用上面方法确定断流水位时，可用分析法求得。如断面形状规整，在延长部分的水位变幅内河宽无太大变化，又无浅滩和分流，则可假定当时水位流量关系曲线为单一抛物线形，则符合 $Q = kh^r$ 关系，或用

$$Q = k(Z - Z_0)^r \tag{3-10}$$

式中：Z_0 为断流水位，m；r、k 为固定指数和系数。

在水位流量关系曲线的低水弯曲部分，依顺序取 a、b、c 三点，对应的水位和流量分别为 Z_a、Q_a、Z_b、Q_b、Z_{c1}、Q_c。如三点的流量满足 $Q_b^2 = Q_a Q_c$，则可得

$$Q_a = k(Z_a - Z_0)^r, \quad Q_b = k(Z_b - Z_0)^r, \quad Q_c = k(Z_c - Z_0)^r$$

所以 $$k^2(Z_b - Z_0)^{2r} = k^2(Z_a - Z_0)^r(Z_c - Z_0)^r$$

解得 $$Z_0 = \frac{Z_a Z_c - Z_c^2}{Z_a + Z_c - 2Z_b} \tag{3-11}$$

式（3-11）为断流水位计算公式。具体选点时，可在 Z-Q 关系曲线低水部分选 a、

c 两点，用 $Q_b = \sqrt{Q_a Q_c}$ 求 b 点的流量 Q_b，再由 Q_b 在 $Z\text{-}Q$ 曲线上查 Z_b，然后代入式（3-11）获得断流水位 Z_0。如算得 $Z_0 = 0$，或其他不合理现象，则应另选 a、b、c 三点流量重新计算。一般需试算 2～3 次，方可得合理的断流水位 Z_0。断流水位求出后，则可以 Z_0 为控制，延长至当年最低水位。

三、水位流量关系的移用

规划设计时，设计断面常无水位流量关系曲线资料，因此无法确定坝下游和电站尾水处的水位。这时需要将邻近水文站的水位流量关系曲线移用到设计断面。

移用方法：如水文站离断面不远，两者区间面积不大，河段无明显入流和分流，则可以移用水文站的 $Z\text{-}Q$ 关系曲线。在设计断面设立水尺与水文站进行同步观测水位，然后建立同步设计断面与水文站基本水尺断面水位相关关系。如果关系良好，则可用同步观测水位查水文站 $Z\text{-}Q$ 关系曲线得出 Q，以 Q 和设计断面同步水位点绘 $Z\text{-}Q$ 关系曲线作为设计断面 $Z\text{-}Q$ 曲线。

当设计断面与水文站在同一流域但相距较远，可考虑移用相应水位，区间面积增大，难免有入流，相应流量确定有困难，这时可用推算水面曲线法来解决。具体可参考有关书籍。

如果设计断面与水文站不在一个流域，可考虑水文比拟法，即选择自然地理、水文气象、流域特征与设计流域相似的水文站，直接移用或用水力学公式推求设计断面的 $Z\text{-}Q$ 关系曲线，待工程竣工后，再用下泄流量与下游水位关系进行率定。

四、流量资料整编

水位流量关系曲线确定后，则可用完整的水位过程线查得完整的流量过程，并进行有关的特征值统计。

整编内容有逐日平均流量表的编制。当流量日内变化平稳时，可用日平均水位查 $Z\text{-}Q$ 关系曲线得日平均流量；当日内流量变化较大或出现洪峰流量、最小流量时，可用逐时（或以 6 分钟倍数）观测的水位查 $Z\text{-}Q$ 曲线得相应时段流量，再用算术平均法或面积包围法求得日平均流量。据此可得月、年平均流量。

单站流量整编成果要进行合理性检查，据高成果可靠性。利用水量平衡原理，对上、下游干支流的水文站流量成果与本站整编成果进行对照、检查、分析，确定无误后，才提供使用或刊布。

特征值统计包括：月、年平均流量，年最大值、最小值及发生日期，汛期各主要洪水要素摘录，实测流量成果表等。

第三节　水工建筑物流量数据处理及整编

一、水工建筑物流量数据处理的工作内容

水工建筑物流量数据处理工作的主要内容是：编制堰闸流量率定成果表或水电（抽

水）站流量率定成果表；绘制水力因素与流量系数相关曲线或关系方程式（经验公式）的拟合并作关系线的检验；数据整理；整编逐日平均流量表、堰闸洪水（或水库）水文要素摘录表；绘制瞬时流量或逐日平均流量过程线；单站合理性检查；编制水工建筑物流量资料整编说明表。

二、水工建筑物流量推求方法概述

在河流上有水工建筑物的地方，如堰闸、涵洞等水工泄水建筑物，都是理想的量水建筑物，根据建筑物的结构型式、开启情况、水流流态等因素，经过率定后便可用水力学公式推算流量。水力发电站和电力抽水站也都可以借助其实测资料，通过能量转换公式算得的效率曲线来推算流量。

图 3－12 列出了一般堰闸类型、流态分类图，表 3－2 列出了堰闸、涵管、隧洞流量系数计算公式。从图 3－12、表 3－2 中可以看出，各种型式的堰闸、涵管、隧洞等，虽出流方式和流量公式有所不同，但都含有一个流量系数。由水力学知该系数都带有一定的经验性，取值也有一定范围。利用水工建筑物测流，便可确切地定出不同水力条件下该系数的大小。

利用水工建筑物或水电站、抽水站推流，就是根据各种水力条件下的实测流量，率定出相应的流量系数或效率系数，并用各自的基本公式来推求不同时刻的流量。推流的方法有两类，即流量系数法和相关分析法。

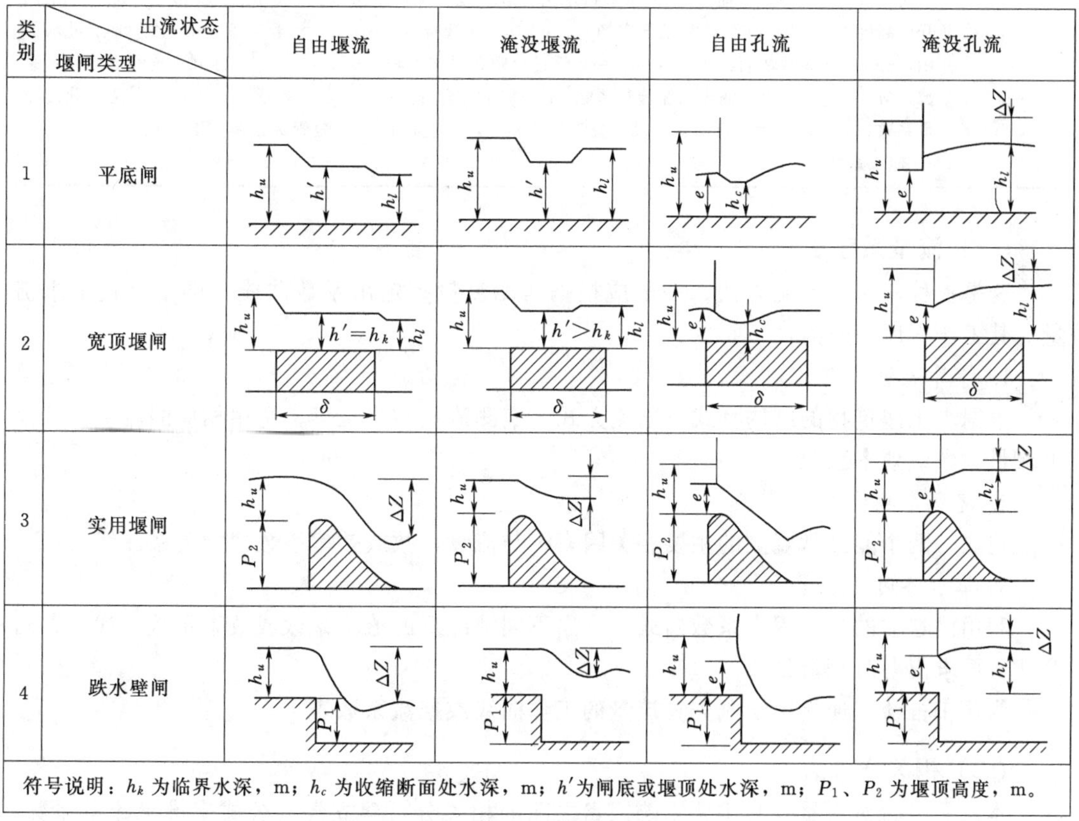
类别
出流状态
堰闸类型
自由堰流
淹没堰流
自由孔流
淹没孔流
1
平底闸
2
宽顶堰闸
3
实用堰闸
4
跌水壁闸
h_u
h'
h_l
h_c
e
ΔZ
$h'=h_k$
$h'>h_k$
δ
P_1
P_2
符号说明：h_k 为临界水深，m；h_c 为收缩断面处水深，m；h'为闸底或堰顶处水深，m；P_1、P_2 为堰顶高度，m。

图 3－12　一般堰闸类型、流态分类图

表 3 - 2　　　　　　　　　　　　**堰闸、涵管、隧洞流量系数计算公式**

公式编号	流量计算公式	相关关系	适 用 范 围	
			出流状态	堰闸、涵管类型
1	$Q = C_1 B h_u^{3/2}$	$h_u - C_1$	自由堰流	一般堰闸
2	$Q = \sigma C_1 B h_u^{3/2}$	$h_l / h_u - \sigma$ 或 $\Delta Z / h_u - \sigma C_1$	淹没堰流	一般堰闸
3	$Q = C_2 B h_l \sqrt{\Delta Z}$	$h_1 - C_2$	淹没堰流	平底闸、宽顶堰闸
4	$Q = M_1 B e \sqrt{h_u - h_c}$	$e / h_u - M_1$	自由孔流	平底闸、宽顶堰闸、平板及弧形闸门门闸
5	$Q = M_1 B e \sqrt{h_u}$	$e / h_u - M_1$	自由孔流	实用堰、跌水壁闸、平底闸
6	$Q = M_2 B e \sqrt{\Delta Z}$	$e / \Delta Z - M_2$	淹没孔流	一般堰闸
7	$Q = \mu_1 a \sqrt{h_u' - h_p}$	$e / d - \mu_1$	有压、半有压自由管流	一般涵洞、长洞
8	$Q = \mu_1 a \sqrt{h_u' - h_l}$	$e / d - \mu_1'$	有压淹没管流	一般涵洞
9	$Q = \mu_2 b h^{3/2}$	$h - \mu_2$	无压自由出流	一般涵洞
10	$Q = \mu_2 b h^{3/2}$	$h_l / h - \mu_\sigma$	无压淹没流	一般涵洞
11	$Q = \mu_3 a' \sqrt{h}$	$e / d - \mu_3$	自由孔流	进口设置有短管无压隧洞

符号说明：Q—流量，m^3/s；Z_u—上游水位，m；Z_l—下游水位，m；h_u—上游水头，m；$h_u = Z_u - Z_a$；h_l—下游水头，m；$h_l = Z_l - Z_a$；Z_a—闸底或堰顶高程，m；h_c—收缩断面处水深，m；h_u'—涵管出口中心以上水头，m；h_p—下游势能，m；h—涵管进口水头，m；ΔZ—上、下游水位差，m；$\Delta Z = Z_u - Z_l$；e—闸门开启高度，m；B—闸孔总宽或开启净宽，m；b—涵管宽度，m；d—涵管高度，m；A—堰闸过水面积，m^2；a—涵管断面面积，m^2；a'—涵管进口闸孔过水面积，m^2；C_1、C_2—自由、淹没堰流流量系数；M_1、M_2—自由、淹没孔流流量系数；ε—垂直收缩系数；μ_1、μ_1'—有压半有压自由、淹没管流量系数；μ_2、μ_σ—无压自由、淹没孔流流量系数；μ_3—进口设置有短管无压隧洞自由孔流流量系数；σ—淹没系数

（一）流量系数法

这是一种常用的推流方法，一般应根据实测流量率定出系数曲线，再用公式推求流量。其工作程序一般为：

1. 计算流量系数

根据水工建筑物的结构型式、出流方式、实测流量和水位等，选用相应的流量公式反求流量系数或效率系数。

2. 建立系数曲线

选取一两个能经常观测的主要相关因素，与流量系数或效率系数建立关系曲线。

3. 推求各时刻流量

利用已建立的相关因素系数曲线，查出不同情况下的流量系数或效率系数，代入各自公式，可求出各时刻流量。

为便于推流，通常可绘制查算流量的工作曲线或推流系数表。

（二）相关分析法

本法是通过对流量与其主要影响因素之间的相关分析建立经验公式来推求流量系数，并据以求出流量，如图解法、堰闸过水平均流速法等。

三、堰闸站推流的流量系数法

由图 3-12、表 3-2 可以看出，堰闸的出流形式，按照有无闸门设备和闸门启闭情况，可分为堰流与孔流；按其下游水位对出流的影响，可分为自由式、淹没式和半淹没式，下面将分别进行介绍。

（一）堰流

堰流是指无闸门设备或闸门已被提出水面的堰坝出流。

1. 自由式堰流

自由式堰流是指下游水位不影响出流量大小的堰流。其流量公式为

$$Q=C_1BH^{3/2} \tag{3-12}$$

式中：C_1 为堰流流量系数；其余符号意义与图 3-12、表 3-2 中所注相同。

具体如下：

（1）计算流量系数 C_1，由式（3-12）知：

$$C_1=Q/(BH^{3/2}) \tag{3-13}$$

（2）选取相关因素为 Z_u（或 H）。此处 H 为上游水头，Z_u 为上游水位，设 H_a 为堰顶高程（常数），则 $H=Z_u-H_a$。由此可以建立 Z_u-C_1 关系曲线，如图 3-13（a）所示。

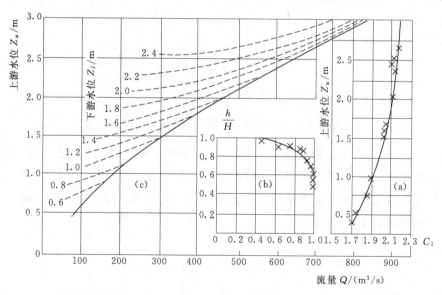

图 3-13　堰流水位流量关系曲线

（3）在 Z_u-C_1 关系曲线上查出各级上游水位下的值，代入式（3-12）算出流量；然后绘制 Z_u-Q 关系曲线，即工作曲线，如图 3-13（c）所示。

推流时，可根据 Z_u（或 H）直接在图上查读流量。

2. 淹没式堰流

淹没式堰流是指下游水位高于堰顶并影响出流时的堰流，其流量公式有下列两种。

一般堰闸：

$$Q=C_1\sigma BH^{3/2} \qquad (3-14)$$

平底闸、宽顶堰闸：

$$Q=C_2Bh(\Delta Z)^{1/2} \qquad (3-15)$$

式中：σ 为淹没系数；H 为下游水头；C_2 为淹没堰流的流量系数。

其余符号意义与图 3-12、表 3-2 中所注相同。

式（3-14）中，$\sigma=1$ 为自由出流。在淹没条件下 $\sigma<1$，其值随上、下游水头比 h/H 而变。因此，定线时应在自由堰流基础上再建立一条反应不同淹没情况的 $h/H-\sigma$ 关系曲线，如图 3-13（b）所示。水位流量关系也应引入下游水位 Z_l 作参数，绘出 Z_u-Z_l-Q 关系曲线族，作为推流的工作曲线，如图 3-13（c）虚线所示。

此外，也可建立 $\Delta Z/H-\sigma C_1$ 及 $Z_u-\Delta Z-Q$ 关系曲线族，如图 3-14 所示，供推流使用。

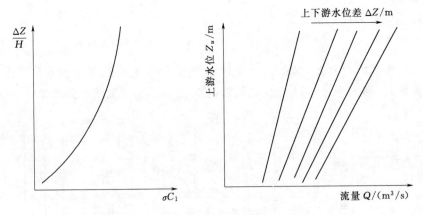

图 3-14　淹没式堰流水位流量关系曲线示意图

对式（3-15），其定线推流方法也与以上讨论相似。由实测上、下游水位计算水位差 ΔZ，并由式（3-15）计算 $C_2=Q/Bh(\Delta Z)^{1/2}$。点绘 $\Delta Z-C_2$（或 $\Delta Z/H-C_2$）关系曲线及 $Z_u-\Delta Z-Q$ 或 Z_u-Z_l-Q 关系曲线族，如图 3-15 所示。推流时，直接由 Z_u、Z_l 或 Z_u、ΔZ 在相应曲线上查读流量。

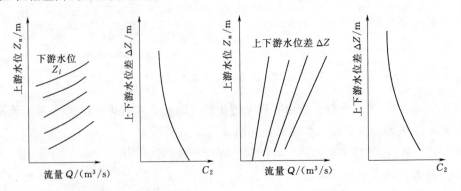

图 3-15　淹没式堰流 Z_u-Z_l-Q 和 $Z_u-\Delta Z-Q$ 关系曲线示意图

（二）孔流

孔流是指水流通过闸孔时，其流量大小受闸门或胸墙约束的水流。

1. 自由式孔流

自由式孔流是指闸下水位未淹没闸孔、闸孔出流不受下游水位影响的水流。其流量公式有两种。

宽顶堰闸和平底闸：

$$Q = MA(H - h_c)^{1/2} \qquad (3-16)$$

实用堰和铁水壁闸：

$$Q = MAH^{1/2} \qquad (3-17)$$

由表 3 - 2 知，收缩断面处水深 $h_c = \varepsilon e$；垂直收缩系数 ε 可由 $e/H - \varepsilon$ 关系表（表 3 - 3）查出；e 为闸门开启高度，M 为孔流流量系数。

表 3 - 3 $e/H - \varepsilon$ 关 系 表

e/H	e	e/H	e	e/H	e	e/H	e
0.00	0.611	0.30	0.625	0.55	0.650	0.80	0.720
0.10	0.615	0.35	0.628	0.60	0.660	0.85	0.745
0.15	0.618	0.40	0.632	0.65	0.675	0.90	0.780
0.20	0.620	0.45	0.638	0.70	0.690	0.90	0.885
0.25	0.622	0.50	0.645	0.75	0.705	1.00	1.000

定线推流步骤与上述堰流的相同，只是相关因素一般取 e/H；工作曲线为 $Z_u - e - Q$；推流时可用实测 Z_u 和 e 查工作曲线为 $Z_u - e - Q$ 即可得流量 Q 值。图 3 - 16 为平底闸自由式孔流的 $e/H - M$ 曲线和工作曲线示意图。

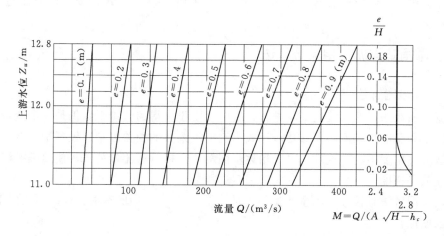

图 3 - 16　自由式孔流的 $Z_u - e - Q$ 关系曲线

2. 淹没式孔流

淹没式孔流是指闸下水位淹没闸孔，其出流量受到下游水位影响的水流。其流量公

式为

$$Q = MA\Delta Z^{1/2} = MBe\Delta Z^{1/2} \tag{3-18}$$

应当注意，式（3-18）中本应为上游水位与下游收缩断面水位之差，但因下游水跃、波浪等的影响，其水位不易观测，故应用中仍采用下游水面平稳处的水位来代替。因此，按此求得的 M 值可能偏大。

定线时，其相关因素为 $e/\Delta Z$，工作曲线为 $\Delta Z\text{-}e\text{-}Q$ 曲线族，如图3-17所示。推流时，可利用 ΔZ、e 直接在工作曲线 $\Delta Z\text{-}e\text{-}Q$ 上查读流量。

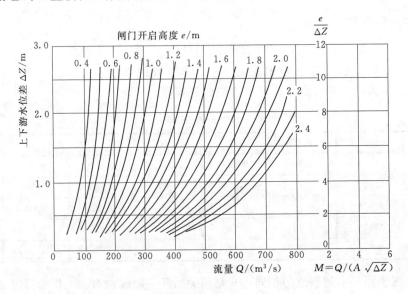

图 3-17　淹没式孔流的 $\Delta Z\text{-}e\text{-}Q$ 关系曲线

此外，对于半淹没式孔流，可根据表3-2中所提供的公式，按上述方法进行定线推流。

四、堰闸站推流的相关分析法

（一）逐步图解法

用流量系数法对堰闸流量资料进行整编时，由于算得的流量系数仍是一个变量，因而整编成果不利于电算推流。尤其是淹没式出流流量系数的相关因素比较复杂，有时成果点据比较散乱、精度不高。这时，可采用逐步图解法直接分析流量公式，使整编推流工作简化，提高成果精度。

用逐步图解法直接分析流量计算公式时，先将表3-2中的有关公式改写成以下形式：

淹没堰流：

$$Q = C_c Bh^\alpha \Delta Z^\beta \tag{3-19}$$

自由孔流：

$$Q = M_b Be^\alpha H^\beta \tag{3-20}$$

淹没孔流：

$$Q = M_c B e^\alpha \Delta Z^\beta \qquad (3-21)$$

式中，各符号的意义与表 3-2 所注相同。

逐步图解法就是以水力学公式为基础，从统计学观点出发，根据逐步回归分析的思路，采用逐步图解的方式直接分析流量的计算公式。其分析步骤是：先选取公式中与因变量有关的第一自变量点绘相关图，消除它对因变量的影响后，点绘第二自变量与因变量的相关图，再消除第二自变量对因变量的影响，然后据以验证第一自变量与因变量的相关。经过反复验证，直至得出的计算公式能满足精度要求。现以淹没孔流公式为例进行分析，因为

$$Q = M B e \Delta Z^{1/2} \qquad (3-22)$$

写成一般形式，即式（3-21）

$$Q = M_c B e^\alpha \Delta Z^\beta$$

按以下几个步骤进行：

（1）为分析流量系数 M_c 和 α、β 三个参数，先假定 $\alpha = 1$（若测验点据较多，也可在双对数纸上点绘 e-Q 关系图，找出某一固定 ΔZ 值下的 e-Q 关系线的斜率，即为 e 的初试幂数 α 值），对公式移项得

$$Q/e = M_c B \Delta Z^\beta$$

两边取对数

$$\lg(Q/e) = \lg(M_c B) + \beta \lg \Delta Z$$

（2）将 Q/e 及 ΔZ 对应点绘在双对数纸上，初步消除 e 的影响，即由图解求得 β 和 M_c 的初值。实例如图 3-18 所示，该图为用某站淹没式孔流实测成果绘制的 Q/e-ΔZ 相关图。由图可得 $\beta = 0.52$。

（3）利用求得的 β 值，再将式（3-23）改写为

$$Q/\Delta Z^\beta = M_c B e^\alpha \qquad (3-23)$$

两边再取对数后，又将 $Q/\Delta Z^\beta$ 与 e 值对应点绘在双对数纸上，由图 3-18 可求得 α 和 M_c 值。然后，将它代入式（3-23），便可求得相应的流量公式，供推流使用。

对上例，因 $\beta = 0.52$，故有

$$Q/\Delta Z^{0.52} = M_c B e^\alpha$$

两边取对数　　　　　　$\lg(Q/\Delta Z^{0.52}) = \lg(M_c B) + \alpha \lg e$

利用实测资料由上式在双对数纸上点绘 $Q/\Delta Z^{0.52}$-e 相关图，如图 3-19 所示，于是图解求得：

当 $e < 1.5$m 时，$\alpha = 0.92$，$M_c B = 200$（$e = 1$ 时对应的纵坐标读数）。因 $B = 60$m，故 $M_c = 200/60 = 3.333$，则

$$Q = 3.333 B e^{0.92} \Delta Z^{0.52}$$

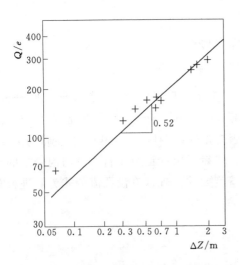

图 3-18　某闸淹没式孔流 Q/e-ΔZ 相关图 ($B=60$m)　　图 3-19　某闸淹没式孔流 $Q/\Delta Z^{0.52}$-e 相关图

如将上式与 $Q=MBe\Delta Z^{1/2}$ 进行比较，不难看出

$$M=3.333e^{-0.08}\Delta Z^{0.02}$$

当 1.5m$<e<$6.5m 时，$\alpha=1.17$，$M_cB=182$，$M_c=182/60=3.033$，则

$$Q=3.033Be^{1.17}\Delta Z^{0.52}$$

同理得
$$M=3.033e^{0.17}\Delta Z^{0.02}$$

顺便指出，当闸上、下游水位差较大，且其系统误差甚微，可略去不计时，水位差 ΔZ 的幂数可取为 1/2，这时便只需进行一次分析就行了。

此外，对于其他出流形式，同样可以按照上述程序进行分析。例如，对一般堰闸的淹没式堰流，其出流公式为

$$Q=\sigma C_1 BH^{3/2}$$

式中，淹没系数 σ 是随相对淹没度 h/H 而变的量，流量系数 C_1 比较稳定，因此将上式改写为

$$Q=C_k(1-h/H)^\beta BH^{3/2} \qquad (3-24)$$

移项后取对数

$$\lg(Q/BH^{3/2})=\lg C_k+\rho\lg(1-h/H)$$

经一次图解分析后，便可确定 C_k 和 ρ 值，代入式（3-24）后，便可建立起流量的计算公式。

（二）堰闸过水平均流速法

堰闸过水平均流速法的基本原理也是建立在水力学公式的基础上，利用实测流量 Q 和闸孔过水面积 A 直接推求闸孔过水的平均流速 $\bar{v}$，即 $\bar{v}=\dfrac{Q}{A}$。以求得的 $\bar{v}$ 值，按照堰闸的不同出流情况，分别点绘 ΔZ-$\bar{v}$（淹没出流）或 H-$\bar{v}$（自由出流）关系曲线，据以进行

推流。

例如，由淹没式孔流公式

$$Q = MBe\Delta Z^{1/2} = MA\Delta Z^{1/2}$$

式中：$M\Delta Z^{1/2} = \overline{v}$，为闸孔处平均流速，则

$$\overline{v} = \frac{Q}{A} \qquad\qquad (3-25)$$

式（3-25）即为堰闸过水平均流速法计算过闸流速的基本公式。

同理，堰流、自由孔流也可用上述方法推求过闸水流的平均流速。

由于影响 $\overline{v}$ 的相关因素与过闸水流的出流形式有关，因此在建立 $\overline{v}$ 与相关因素关系之前，应首先对出流形式进行判断和分析。实验表明，当淹没出流时，点绘 $\Delta Z - \overline{v}$ 关系曲线；当自由出流时，点绘 $H - \overline{v}$ 关系曲线，便能取得良好的结果。图 3-20 和图 3-21 分别是自由式孔流和淹没式孔流所建立的关系曲线的实例。

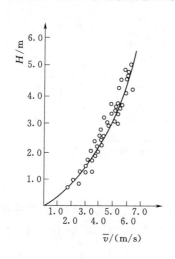

图 3-20　某闸自由式孔流历年综合 $H - \overline{v}$ 关系曲线

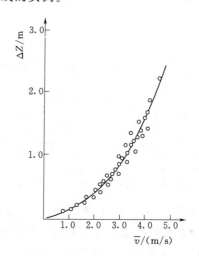

图 3-21　某闸淹没式孔流历年综合 $\Delta Z - \overline{v}$ 关系曲线

推流时，用实测的 H 或 ΔZ 值，在相应关系曲线上查出 v 值，再乘以闸孔过水面积 A，即可求得流量。

实验也表明，用该法所建立的关系曲线，具有以下特点：不受闸门和出流条件的影响，曲线只随 ΔZ（淹没出流）或 H（自由出流）而变化，但线型一致；计算、定线、推流等方面简便，省时省力；同类型、同流态的堰闸，曲线曲率都很接近，便于同类型堰闸的综合等。这些特点对于无实测流量资料的同类型堰闸的推流，具有一定的实际意义。

此外，为了便于用计算机进行整编，也可将几种过闸平均流速公式按其主要影响因素写成一般形式后，取对数进行图解分析。

淹没流（堰流、孔流）：

$$v = K_1 \Delta Z^n$$

自由孔流：

$$v = K_2 H^n$$

式中：K_1、K_2 为系数；n 为指数。

对以上两式分别取对数得

$$\lg v = n \lg \Delta Z + \lg K_1$$

$$\lg v = n \lg H + \lg K_2$$

将它们分别点绘在双对数纸上，可求得过闸平均流速的系数和指数，从而便可建立过闸平均流速和流量的计算公式。

五、流量系数关系曲线的定线精度及延长

堰闸（以及潮流）站的定线精度应符合表 3-4 的要求。

表 3-4　　　　　　　堰闸（潮流）站水力因素关系定线精度指标表（%）

站　类	定　线　方　法	定线精度指标	站　类			备　　注
			一类精度水文站	二类精度水文站	三类精度水文站	
堰闸、涵管、隧洞站	水力因素与流量或流量系数	随机不确定度/%	10	14	18	曲线上部精度可适当严格
		系统误差/%	±2	±2	±3	
潮流（含感潮）站	合轴相关，定潮汐要素，一潮推流，全潮要素相关，流速相关	随机不确定度/%	10	16	20	
		系统误差/%	±2	±3	±3	

注　1. 水力发电站和电力抽水站以电功作参数的头头与单机流量相关曲线精度同堰闸站。
　　2. 潮流与感潮站的各种相关曲线实测点不少于 30 点。
　　3. 巡测站定线随机不确定度可增大 2%～4%。

延长堰闸、涵洞的流量系数关系曲线时，应根据实测点的分布趋势，参考稳定值适当予以延长。延长幅度上部应不超过实测变幅的 20%～30%，下部应不超过 10%～15%，对溢洪闸极少过水及精度要求不高的站可适当放宽。

（一）自由堰流系数曲线延长

对于自由堰流系数曲线延长，自由堰流的 h_u-C_1 关系曲线型，曲线下端稍弯曲，随着上游水头 h_u 的增加，C_1 值相应增大，并逐渐趋于稳定。平底闸的稳定值在 1.5 左右，实用堰一般在 2.0 左右，上部延长不超过实测变幅的 20%。曲线下端因变率较大，延长宜慎重，下部延长不超过 10%。

（二）淹没堰流系数曲线延长

淹没堰流系数曲线延长宜符合下列要求：

（1）淹没堰流的 h_1/h_u-σ 关系曲线型，在 $h_1/h_u = 1.0$ 时，$\sigma = 0$；根据实验结果，平底闸、宽顶堰间一般在 $h_1/h_u \leqslant 0.8$ 时，$\sigma = 1.0$；实用堰一般在 $h_1/h_u \leqslant 0.4$ 时，$\sigma = 1.0$。如实测点据符合上述规律，曲线的上、下部可按实测变幅的 30% 延长；曲线上端变率较大、测点较少或与上述规律不同时，延长时上部不超过实测变幅的 20%，下部不超过 10%。

（2）淹没堰流的 $\Delta Z/h_u$-σC_1 关系曲线型，在 $\Delta Z/h_u = 1.0$ 时，$\sigma C_1 = 0$；实用堰的

$\Delta Z/h_u \geqslant 0.6$ 时，曲线趋于稳定，σC_1 值在 2.0 左右；平底闸的 $\Delta Z/h_u \geqslant 0.2$ 时，曲线趋于稳定，σC_1 值在 1.5 左右。曲线上部延长不超过实测变幅的 30%，曲线下端变率较大，延长 $\Delta Z/h_u$ 值小于 0.6（实用堰）或小于 0.2（平底闸）的曲线时，应特别慎重，下部延长不超过 10%。

$h_1 - C_2$ 关系曲线，上部比较稳定，平底闸 C_2 值稳定范围为 3.0～4.0、上部延长不超过变幅的 30%，下部特别是 $h_1 < 1.0m$ 时，延长不宜超过 15%。

（三）自由孔流系数曲线延长

对于自由孔流系数曲线延长，自由孔流的 $e/h_u - M_1$ 关系曲线型，随 e/h_u 值增大，M_1 值逐渐减小，当 $e/h_u > 0.5$ 时，M_1 值稳定，为 2.5～3.5，曲线上部延长不超过变幅的 30%，曲线下端变率较大，又无明显的控制界限，下部延长不超过 10%。

（四）淹没孔流系数曲线延长

对于淹没孔流系数曲线延长，淹没孔流的 $e/\Delta Z - M_2$ 关系曲线型，随 $e/\Delta Z$ 值增大，M_2 值逐渐增大，并趋于稳定。平底闸 M_2 稳定值为 3.0～4.0，实用堰在 5.0 左右。曲线两端均无明显的控制界限，曲线上部延长不超过实测变幅的 20%，下部延长不超过 10%。

六、单站系数曲线的合理性检查

系数曲线确定以后，应进行合理性检查，通常采用以下方法。

（1）进行历年流量系数曲线对照，可检查当年定线的正确性与曲线两端延长的合理性。如发现曲线有异常情况，应检查其原因。

（2）进行流量与水位过程线对照，可参照闸门开启高度、水位差等原因进行检查，两种过程线的变化趋势应相应，且流量过程线的实测点不应有系统偏差。如发现反常情况，可从流量计算公式的应用、相关曲线点绘和计算方面进行检查。

（3）检查流态转换处的流量衔接的合理性。

七、逐日平均流量的推求

逐日平均流量的推求应符合下列规定。

（1）遇孔流、堰流交界时，由于流态不稳，这种临界状态的流量不是单一值，两种流态定线应衔接，可根据实测资料分析出临界值直接计算，或分别按孔流、堰流出流的相关曲线算出流量。

（2）当闸门骤开时，推流采用的水位差，应考虑水流沿程河槽蓄量的影响，使推得流量符合实际情况。

（3）换用相关曲线推流接头处应衔接。但由于闸门变动，引起流态不同，换用相关曲线推流接头处的流量出现不衔接，若闸门开高不变，但由于上、下游水位变化引起流态变化，两者推得流量相对误差不得超过 5%。

（4）日平均流量的计算方法和要求同河道站。但应注意一日内闸门变动频繁，引起流量多次突变，应采用面积包围法计算日平均流量。

第四节　泥沙数据处理及整编

泥沙资料在多沙河流上显得异常重要，在河流的开发利用、流域规划、河道整治、工程设计、水利科学研究等方面都离不开泥沙资料。泥沙资料整编同泥沙测验一样，都分为悬移质、推移质、泥沙颗粒级配三个方面。

一、悬移质输沙率数据处理

悬移质泥沙资料整编工作的内容包括：搜集有关资料；审核与分析原始资料；编制实测悬移质输沙率成果表，决定推求断沙与输沙率的方法；推算日平均含沙量、输沙率并编制洪水含沙量与洪水水文要素摘录表；进行合理性检查；编写泥沙整编说明书等。

（一）原始资料的审查分析

天然河流的泥沙是经常变化的，泥沙脉动现象较流速脉动更为严重。因受仪器设备等条件的限制，原始资料存在一定的误差，有时还可能出现错误。因此，在整编之前，应对原始资料进行全面审查分析。审查分析的重点是各种水情下的资料及计算方法，校核各个时期有代表性的关键资料。审查方法分析大概如下。

1. 单沙过程线分析

单位含沙量代表着含沙量随时间的变化过程，是推求断沙的依据，如单沙出现问题，必将造成断沙以及以后推求输沙率和输沙量等一系列的错误。故单沙是基础，应认真地进行分析检查，检查方法是利用测站在平时绘制的逐时 3 种过程线。3 种过程线是在同一张过程线图上以上、下错开的方式将水位、流量、单沙绘出，北方多沙河流的大河可每月绘一张，少沙河流或小河上可只绘洪峰部分。有输沙率资料时，还应将相应的断沙以醒目的颜色点在单沙过程线上，然后将单沙过程线与水位、流量过程线进行对照。一般情况下，三者常有一定的关系。如发现某个或某几个单沙测点有突出或不合理时，应认真检查，分析原因。一般造成测点突出的原因如下。

（1）测验方面，取样位置不当，脉动较大，取样点数不足，不能克服脉动影响，仪器误差较大，没有检查鉴定，水样处理中操作不当，称重、计算错误等。

（2）天然方面，有季节、洪水来源、暴雨特性等原因造成。

通过上述分析检查，突出点若属于自然现象的应予以保留，否则应予改正。通过上述工序，保证单沙资料的正确性，为推求断沙做好准备。

2. 单沙、断沙关系分析

点绘的单沙、断沙关系，常呈现一定的规律性，但少数测点可能出现突出或反常，应进行分析判定。经过分析判断突出点后所定的单沙、断沙关系，将是可靠的关系，利用这一关系，可根据单沙进行断沙的推求。

（1）单沙、断沙关系的形态。单沙断沙的关系常有以下几种形态：

1）单沙断沙关系良好。测点在图上的分布，随时间或水位没有系统偏离，测点密集呈一带状，可以定出稳定的单一曲线。

2）单沙断沙关系基本良好。关系测点在图上的分布，随水位或时间而有系统偏离。一年内单沙、断沙关系不能用一条相关曲线代表，而须定出数条线才能完成。前者可能是由于水位高低影响含沙量的横向分布，是单沙断沙关系变化；后者可能是由于测验方法的改变，也可能是由于中泓移动，断面冲淤，水工建筑物变迁等原因造成。

3）单沙断沙关系不好。关系点分布散乱，无规矩可循，这可能是因主流摆动频繁，河段和断面冲淤剧烈或断面上游支流大量来沙所致，也可能是由测验精度低造成的。

（2）突出点的分析。在点绘的单沙断沙关系图上，常出现一些测点脱离点群或带组，其中偏离较远的测点，称为突出点。突出点会给定线工作带来一定的困难，不进行分析判断，就难以确定关系曲线。偏离多少算突出点呢，在规范中没有严格的规定，但它与测验精度的高低、单沙断沙关系的好坏有关。对单一曲线判别的条件。测点无系统偏离，且有75％以上的电子与关系曲线偏离的相对误差，中、高沙不超过±10％，低沙不超过±15％，说明中、高沙偏离±10％，低沙偏离±15％以外的点子，都属于突出点，如果这些测点较多，可从中选择相对误差较大的几个测点进行分析。分析方法多采用点绘流速、含沙量横向分布图，与其他正常测次比较，检查突出原因。必要时也可点绘含沙量垂线分布图，审查其合理性。造成突出点偏离的原因可能是：

1）相应单沙代表性差或测验计算中出错。如在输沙率测验期间，含沙量变化甚大而仅取一次单沙者；单沙取样位置或取样方法发生变动，前后不一样，计算错误等。

2）断沙测验、计算中出错。如测沙垂线不足，布置不当；含沙量、流量、输沙率计算中有错误等。

3）特殊水情影响。如河段断面冲淤严重；河道游荡，主流摆动；来水来沙不同及特殊原因造成等。

经过分析，凡属于测验或计算方面的错误，应予以改正；错误过大而无法改正者，应予以舍弃。改正和舍弃都要有确定的证据。如经查实，突出点是由于特殊水情造成的，则应与正常点一样，参加整编。

（二）单沙含沙量的插补

一些测站在测单位含沙量时，需用测船或缆道，将采样器送至断面预定点采样，故不像水位观测那么容易。当主流摆动，用多线混合法采样时更是如此。因此，可能发生单沙测次不足或控制不严等情况，如不处理，将导致日平均输沙率、含沙量计算不准或漏测月、年极值等问题，故应对单沙测次不足或漏测之处进行插补。常用的插补方法有：

（1）直线内插法。当水流平稳、含沙量变化不大；或两者虽变化较大，但缺测时间不长，且未跨过峰、谷时，可按时间比例，内插各缺测时间的单沙。

（2）连过程线插补法。此法是根据沙量过程线与水位、流量过程线有一定的规律而得出的。适用于水位、流量变化不大，或虽大，但缺测时间不长的时期。插补时，先绘出水位流量过程线，再根据上述规律连绘缺测时期的单沙过程线，据以插补缺测时段的单沙。若缺测沙峰起涨点时，可用起涨点以前的最后一次单沙作为起涨点单沙，参照流量的变化趋势连绘沙量过程线进行插补。

（3）流量、含沙量相关曲线插补法。对山溪性河流，但沙峰与洪峰同时出现，流量与含沙量有相关关系时，可点绘相关图进行插补。如关系良好，即可用此关系曲线插补沙峰，并在成果辅助栏内说明。

（4）上、下游站相关插补法。在没有支流汇入和冲淤不大的河段，可根据上、下游相邻站含沙量过程线勾绘本站含沙量过程线，据以插补相应时间的单沙；也可点绘上、下游含沙量相关图，用相邻站的施测含沙量插补本站缺测时段的相应含沙量。

（三）逐时断面平均含沙量的推求

进行逐时断面平均含沙量推求的目的，在于推算逐时悬移质输沙率，进而利用逐时输沙率推算日、月、年或某一时段的悬移质输沙量和进行月、年极值的挑选。断沙推求方法如下。

1. 单沙、断沙关系法

单沙、断沙关系法，是我国应用比较广泛的一种方法，它适用于单沙、断沙关系比较稳定的测站。关系线的型式因测站特征不同有以下几种。

（1）单一曲线法。当点绘的单沙、断沙关系测点密集呈带状，不依时序或水位而有系统偏离，且有 75% 以上的测点与相关曲线的偏离，高沙不超过 ±10%，低沙不超过 ±15% 时，可用此法。定线时，有目估或分组求重心的方法，定出一条通过原点的平滑曲线或直线，在曲线两侧分别做出 ±10% 或 ±15% 的两条外包线，统计两外包线里的测点数与总测点数的比值，若此比值大于 75% 时，则符合要求。推沙时，由各实测单沙在相关曲线上查读相应时刻的断沙即可。

（2）多线法。单、断沙测点，当依水位、时间或单沙测取位置和方法，明显分布成几个独立带组时，可分别用水位、时间或单沙取样位置方法做参数，绘制多条单、断沙关系曲线。

1）以水位为参数制定相关曲线。当测站对面稳定，水位超过某一数值后，河道有漫滩、分流或有弯道影响，当含沙量横向变化受水位变化的影响较大时，可以水位为参数定出多条单、断沙关系曲线。如图 3-22 所示。

2）以时间作参数定线等。当河道主流摆动、受冲淤变化，使单、断沙关系随时间发生变化时，则可分时段定出几条单、断沙关系曲线，并在关系线上注明线号和推沙时间。如图 3-23 所示。

推求断沙时，根据水位或时间，在相应关系上由单沙推得断沙。

（3）比例系数法。当单、断沙关系不好，无法制定相关曲线时，则可采用比例系数法，即用实测输沙率的断沙与相应单沙之比，得比例系数。

$$m = \frac{\overline{C}_s}{C'_s} \qquad (3-26)$$

式中：m 为比例系数；$\overline{C}_s$ 为实测断沙，kg/m^3；C'_s 为相应单沙，kg/m^3。

用比例系数法推求断沙，又分以下两种方法：

1）当水位与比例系数关系点密集呈带状，且 75% 以上的测点偏离所定曲线不超过 ±10% 时，测验条件较差的，可放宽至 ±15%，可用此法，如图 3-24 所示。

2）比例系数过程线法。当比例系数与水位及其他水力因素无相关关系，中、高沙测点中有 75% 以上偏离关系曲线的程度大于 ±15%，且低沙大于 ±20% 时，可采用此法。

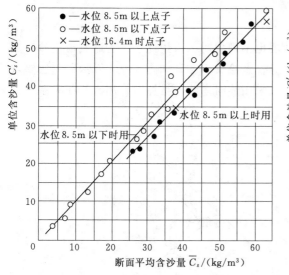

图 3-22　以水位为参数的单、断沙关系

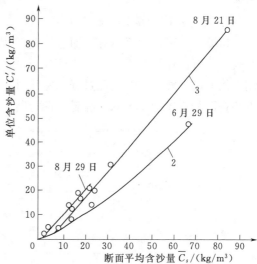

图 3-23　以时间为参数的单、断沙关系

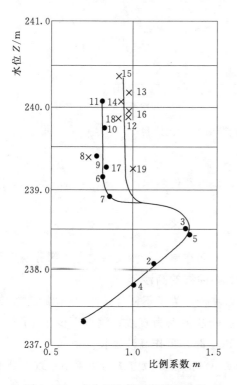

图 3-24　水位与比例系数关系曲线

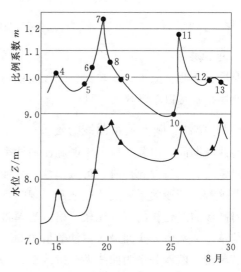

图 3-25　比例系数过程线

此时可参照水位-流量关系线的变化趋势，绘制光滑的比例系数过程线，此法要求输沙率测次较多，测次分布比较均匀，而单、断沙关系转折变化处均有测点控制，如图 3-25 所示。

推求断沙时，根据单沙的时间，在过程线上查读比例系数，乘以该次单沙，即得断沙。

2. 流量与输沙率关系曲线法

当单沙、断沙关系不好，而且比例系数法也不理想时，可用此法。若流量与输沙率关系较好，可以流量为纵坐标，输沙率为横坐标，点绘关系图，如图 3-26 所示。此法要求测点能控制沙峰的整个变化过程，定线时一般采用连时序法。推算时，用流量在关系线上直接查读相应输沙率，除以流量，即得断沙。

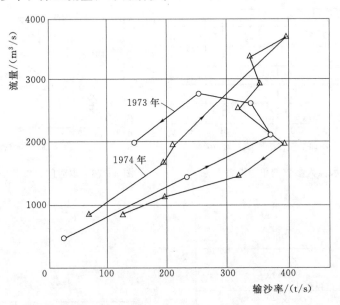

图 3-26　流量与输沙率关系曲线

3. 近似法

对输沙率测次太少，或单沙、断沙关系不好，以及仅测单沙未测输沙率的站，可用此法。此法是直接以单沙代替断沙。

(四) 单沙、断沙关系曲线的延长

在沙峰期间，因各种原因未能施测输沙率，从而在单、断沙关系的高沙部分缺少测点而难以定线。当条件允许时，可做单沙、断沙关系曲线的高沙延长。

若单沙、断沙关系测点比较散乱，规律难以掌握，为了不使外延的曲线出现较大的问题，对高沙曲线延长的规定比较严格。当单沙、断沙关系为直线，测点不少于 10 个，最大相信单沙的数值为实测最大单沙数值的 50% 以上时，可作高沙延长。

若单沙、断沙关系为曲线型或折线型，测取单沙的位置及方法与历年不一致，断面形状有较大变化时，均不宜做高沙延长。

延长方法，顺原单、断沙关系曲线中、低沙部分的趋势，并参照历年单、断沙关系，作直线延长。

(五) 单沙、断沙关系曲线检验

单沙、断沙关系曲线检验的内容，包括关系曲线检验和实测点标准差计算。具体计算

方法与流量的检验方法一样。

（1）关系曲线的检验。对输沙率实行间测的站，当年有效测资料时，应做 t 检验，以判断历年综合单、断沙关系是否发生了变化。单、断沙关系为单一线（或多线中的主要曲线时），应进行符号检验、适线检验和偏离数值检验，以判定曲线是否正确。

（2）实测点标准差计算。为了解关系点的离散程度，应计算单一线及多线中主要曲线的标准差。

（六）日平均含沙量、输沙率的推算方法

为了建立逐日平均含沙量和逐日平均输沙率表，首先应进行日平均值的计算。上述两项逐日表，是计算月、年输沙量及反映泥沙各种特征值的重要表格。

1. 计算日平均值的资料

计算日平均值，根据情况分别选用下列资料：

（1）实测点资料。直接使用实测单沙、断沙或经过换算后的断沙，进行日平均值的计算。当转折点有缺测或两点间流量、含沙量变化很大时，应采用合适的方法予以插补。

（2）过程线摘录资料。根据绘制的单沙或断沙过程线，在过程线上摘录足够控制流量、含沙量变化的点子，计算日平均值。

2. 由单沙推求断沙时日平均值的计算方法

（1）日平均值的推算方法。

1）一日仅取一次单沙者，即以该次单沙推求的断沙作为日平均含沙量，再乘以日平均流量，得该日的日平均输沙率。

2）几日取一次单沙者，在未测单沙期间，各日的平均含沙量，以前后测取之日的断沙用直线内插求得，分别成各日平均流量，得各日的日平均输沙率。

3）当含沙量很小，采用若干天水样混合处理时，以混合水样的相应断沙作为各日的日平均含沙量，并用以推求日平均输沙率。

4）一日内取多次单沙者，根据情况分别采用算术平均法、面积包围法、流量加权法或积分法计算日平均含沙量，一般可按以下几种情况处理。

a. 算术平均法。当流量变化不大，单沙测次分布均匀时，将一日内单沙推得的断沙，用各次断沙的算术平均值，作为日平均含沙量，据以推求日平均输沙率。

b. 面积包围法。对流量变化不大，但含沙量变化较大且点次分布不均匀者，可用各次断沙以时间加权求平均值，作为日平均含沙量，然后再用上述方法计算日平均输沙率。

日平均输沙率的计算公式为

$$\overline{C}_s = \frac{1}{48}\left[C_{s0}\Delta t_1 + C_{s1}(\Delta t_1 + \Delta t_2) + C_{s2}(\Delta t_2 + \Delta t_3) + \cdots + C_{sn-1}(\Delta t_{n-1} + \Delta t_n) + C_{sn}\Delta t_n\right]$$

$$(3-27)$$

式中：$\overline{C}_s$ 为日平均含沙量，kg/m^3；C_{s0}、C_{sn} 为 0 时及 24 时的含沙量，kg/m^3；C_{s1}、C_{s2}、$\cdots$、C_{sn-1} 为 1 日中各瞬时的含沙量，kg/m^3；Δt_1、Δt_2、$\cdots$、Δt_n 为相邻两瞬时含沙量

的时距，h。

c. 流量加权法。当流量和含沙量变化都比较大时，可采用流量加权法计算日平均输沙率，然后除以日平均流量得日平均含沙量。计算方法如下：

第一种方法以瞬时流量乘以相应时间的断沙，得瞬时输沙率，再用时间加权求出日平均输沙率，然后，再用日平均输沙率除以日平均流量得日平均含沙量。其计算公式为

$$\overline{Q}_s = \frac{1}{24}\left[\frac{1}{2}(C_{s0}q_0 + C_{s1}q_1)\Delta t_1 + \frac{1}{2}(C_{s1}q_1 + C_{s2}q_2)\Delta t_2 + \cdots + \frac{1}{2}(C_{sn-1}q_{n-1} + C_{sn}q_n)\Delta t_n\right]$$

$$= \frac{1}{48}\left[C_{s0}q_0\Delta t_1 + C_{s1}q_1(\Delta t_1 + \Delta t_2) + C_{s2}q_2(\Delta t_2 + \Delta t_3) + \cdots + C_{sn}q_n\Delta t_n\right] \quad (3-28)$$

式中：$\overline{Q}_s$ 为日平均输沙率，kg/s；q_0、q_n 为 0 时及 24 时流量，kg/m^3；C_{s0}、C_{sn} 为 0 时及 24 时含沙量，kg/m^3；q_1、q_2、$\cdots$、q_{n-1} 为各瞬时的流量，m^3/s；C_{s1}、C_{s2}、$\cdots$、C_{sn-1} 为相应各瞬间流量的断沙，kg/m^3；Δt_1、Δt_2、$\cdots$、Δt_{n-1} 为相邻两瞬间含沙量间的时距，h。

计算可列表进行，见表 3-5。

表 3-5 ××站流量加权法（第一法）日平均含沙量计算

时间		流量 /(m³/s)	含沙量 /(kg/m³)	输沙率 /(kg/s)	权重 $\Delta t_i + \Delta t_{i+1}$	积数 （输沙率×权重）	日平均输沙率 /(kg/s)	日平均含沙量 /(kg/m³)
日	时：分	(2)	(3)	(4)=(2)×(3)	(5)	(6)=(4)×(5)	(7)=1/48∑(6)	(8)=(7)/$\overline{Q}$
	(1)							
	0：00	2.33	18.3	42.64	8.0	341.1		
	8：00	1.96	16.2	31.75	18.0	571.5		
	18：00	1.50	43.2	64.80	12.0	777.6		
	20：00	69.5	332.0	23074	3.0	69222		
2	21：00	47.9	476.0	22800.00	1.7	38760.0	7233	375
	21：40	36.8	467.0	17185.60	1.0	17185.6		
	22：00	69.5	463.0	32178.50	1.3	41832.1		
	23：00	150.0	502.0	75300.00	2.0	150600.0		
	24：00	143.0	195.0	27885	1.0	27885.0		

第二种方法。以相邻瞬时断沙的平均值与瞬时流量平均值的乘积，得时段平均输沙率，再用时间加权，计算日平均输沙率。然后，再用日平均输沙率除以日平均流量得日平均含沙量。其计算公式为

$$\overline{Q}_s = \frac{1}{24}\left[\frac{1}{2}(q_0 + q_1) \times \frac{1}{2}(C_{s0} + C_{s1})\Delta t_1 + \frac{1}{2}(q_1 + q_2) \times \frac{1}{2}(C_{s1} + C_{s2})\Delta t_2\right.$$

$$\left. + \cdots + \frac{1}{2}(q_{n-1} + q_n) \times \frac{1}{2}(C_{sn-1} + C_{sn})\Delta t_n\right]$$

$$= \frac{1}{96}\left[(q_0 + q_1)(C_{s0} + C_{s1})\Delta t_1 + (q_1 + q_2)(C_{s1} + C_{s2})\Delta t_2\right.$$

$$\left. + \cdots + (q_{n-1} + q_n)(C_{sn-1} + C_{sn})\Delta t_n\right] \quad (3-29)$$

式中符号的含义与式（3-28）相同。

计算可列表进行，见表3-6。

表3-6　　　　　　　　××站流量加权法（第二法）日平均含沙量计算

时间		流量/(m³/s)		含沙量/(kg/m³)		时段输沙率 /(kg/s)	时段 Δt_i /h	积　数	日平均输沙率 /(kg/s)	日平均 含沙量 /(kg/s)
日	时：分	瞬时	时段 平均	瞬时	时段 平均					
(1)		(2)	(3)	(4)	(5)	(6)=(3)×(5)	(7)	(8)=(6)×(7)	(9)=1/24∑(8)	(10)=(9)/$\overline{Q}$
2	0：00	2.33	2.15	18.3	17.3	37.20	8.0	297.6	6822	353
	8：00	1.96	1.73	16.2	29.7	51.38	10.0	513.8		
	18：00	1.50	35.5	43.2	188	6647	2.0	13348		
	20：00	69.5	58.7	332	404	23715	1.0	23715		
	21：00	47.9	42.4	476	472	20013	0.7	14009		
	21：40	36.8	53.2	467	465	24738	0.3	7421		
	22：00	69.5	110	463	483	53130	1.0	53130		
	23：00	150	147	502	349	51303	1.0	51303		
	24：00	143		198						

d. 积分法。在 Δt 时段内，当流量、含沙量均呈直线变化时，则计算时段 Δt 初的流量与含沙量分别为 q_1 和 C_{s1}，输沙率 $Q_{s1}=q_1 C_{s1}$；时段末的流量与含沙量分别为 q_2 和 C_{s2}，输沙率 $Q_{s2}=q_2 C_{s2}$；流量和含沙量的变化率分别为 k_1 和 k_2，如图3-27所示。

在 Δt 时段内的任一微分时段 dt 的输沙量 $dW_s(t)$ 可表示为

$$dW_s(t)=(q_1+k_1 t)(C_{s1}+k_2 t)dt$$

任一时刻的输沙率为

$$\begin{aligned}Q_s(t)&=dW_s(t)/dt=(q_1+k_1 t)(C_{s1}+k_2 t)\\&=q_1 C_{s1}+k_2 q_1 t+k_1 C_{s1}t+k_1 k_2 t^2\end{aligned}\quad(3-30)$$

Δt 时段内的输沙率则为

$$\begin{aligned}W_s&=\int_0^{\Delta t}Q_s(t)dt=\int_0^{\Delta t}(q_1 C_{s1}+k_2 q_1 t+k_1 C_{s1}t+k_1 k_2 t^2)\\&=q_1 C_{s1}\Delta t+k_2 q_1(\Delta t)^2/2+k_1 C_{s1}(\Delta t)^2/2\\&\quad+k_2 k_1(\Delta t)^3/3\end{aligned}\quad(3-31)$$

这是用严格的数学推导求得的 Δt 时段的输沙量，即为"积分法"的结果。用这种方法计算起来比较麻烦。我们知道，流量加权法中的第一种方法计算比较方便，下面来分析一下"积分法"与"第一法"的关系。

按相同条件，"第一法"计算 Δt 时段的输沙量为

$$\begin{aligned}W_{s1}&=[q_1 C_{s1}+(q_1+k_1\Delta t)(C_{s1}+k_2\Delta t)]\Delta t/2\\&=q_1 C_{s1}\Delta t+k_2 q_1(\Delta t)^2/2+k_2 C_{s1}(\Delta t)^2/2+k_1 k_2(\Delta t)^3/2\end{aligned}\quad(3-32)$$

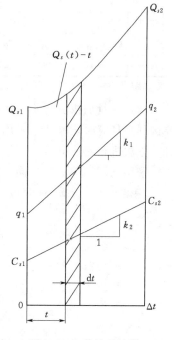

图3-27　输沙量计算

$$W_s - W_{s1} = q_1 C_{s1} \Delta t + k_2 q_1 (\Delta t)^2/2 + k_1 C_{s1} (\Delta t)^2 + k_1 k_2 (\Delta t)^3/3 - q_1 C_{s1} \Delta t + k_2 q_1 (\Delta t)^2/2$$
$$+ k_2 C_{s1} (\Delta t)^2 + k_1 k_2 (\Delta t)^3/2 = -k_1 k_2 (\Delta t)^3/6$$

比较式（3-31）和式（3-32）可知，每个时段"第一法"比"积分法"大 $k_1 k_2 (\Delta t)^3/6$，只要将"第一法"中多出的这一部分扣掉，便可以得到积分法的结果，计算见表3-7。

表3-7　　　　　　　　××站流量加权法（积分法）日平均含沙量计算

时间		时段 Δt_i /h	流量 Q /(m³/s)	含沙量 C_s /(kg/m³)	输沙率 Q_s /(kg/s)	权重 ($\Delta t_i + \Delta t_{i+1}$)	积数	流量变率 k_1	含沙量变率 k_2	差值	$\sum(7)/2-\sum$	日平均输沙率 /(kg/s)	日平均含沙量 /(kg/m³)
日	时：分										(10)	(12)	(13)
(1)		(2)	(3)	(4)	(5)= (3)×(4)	(6)	(7)= (5)×(6)	(8)	(9)	(10)= $k_1 k_2 (\Delta t)^3/6$	(11)	(12)= (11)/24	(13)= (12)/$\overline{Q}$
	0：00	8.00	2.33	18.3	42.639	8.0	341.1	−0.046	−0.263	1.03			
	8：00	10.0	1.96	16.2	31.75	18.0	571.5	−0.046	2.700	−20.7			
	18：00	2.00	1.50	43.2	64.80	12.0	777.6	34.000	144.40	6546			
	20：00	1.00	69.5	332	23074	3.0	69222	−21.600	144.00	−518.4			
2	21：00	0.67	47.9	476	22800	1.67	38076.7	−16.567	−13.43	11.2	166835	6950	360
	21：40	0.33	36.8	467	17185.6		17185.6	99.091	−12.12	−7.2			
	22：00	1.00	69.5	463	32178.5	1.33	42797.4	80.500	39.00	523.3			
	23：00	1.00	150.0	502	75300	2.0	15060.0	−7.000	−307.00	358.2			
	24：00		143.0	195	27885	1.0	27885.0						

注　对表中（11）是在（7）中用48加权，在（10）中用24加权，故在（11）中应乘1/2。

（2）流量加权法与积分法计算精度比较。对比两种计算方法，两者在相同条件下，主要区别是计算时段输沙量采用的简化方法不同。下面以一个计算时段为研究对象，对两种计算方法进行对比分析。

采用与"第一法"相同的方法，推得"第二法"与"积分法"结果的区别如下。

"第二法"，计算 Δt 时段的输沙量为

$$W_{s2} = q_1 C_{s1} \Delta t + \frac{k_2}{2} q_1 (\Delta t)^2 + \frac{k_1}{2} C_{s1} (\Delta t)^2 + \frac{k_1 k_2}{2} (\Delta t)^3 \tag{3-33}$$

与"积分法"的差为

$$W_s - W_{s2} = q_1 C_{s1} \Delta t + k_2 q_1 (\Delta t)^2/2 + k_1 C_{s1} (\Delta t)^2/2 + k_2 k_1 (\Delta t)^3/3$$
$$- \left[q_1 C_{s1} \Delta t + \frac{k_2}{2} q_1 (\Delta t)^2 + \frac{k_1}{2} C_{s1} (\Delta t)^2 + \frac{k_1 k_2}{2} (\Delta t)^3 \right] = \frac{k_1 k_2}{12} (\Delta t)^3$$

通过以上分析清楚地看到，"第一法"计算的结果与"积分法"计算的结果系统偏大 $k_1 k_2 (\Delta t)^3/6$，而"第二法"计算的结果比"积分法"计算的结果系统偏小 $\frac{k_1 k_2}{12}(\Delta t)^3$。

通过对两种以上计算方法的分析可以得知：

1）1日内，在流量、含沙量变化较大的情况下，无论采用"第一法"还是"第二法"都可能会产生误差，只有当流量和含沙量均不变化，或者至少有一个不变化时（k_1 和 k_2

至少有 1 个为零），"第一法""第二法"的计算结果才与"积分法"一致。

2）在流量和含沙量同向变化时（k_1 和 k_2 同号），即涨水涨沙或落水落沙时，"第一法"计算出的时段输沙量系统偏大，"第二法"计算出的时段输沙量系统偏小；当流量和含沙量异向变化（k_1 和 k_2 异号），即涨水落沙或落水涨沙，误差可能相互抵消一部分。在生产实践中，一般情况下涨水涨沙或落水落沙的情况较多，涨水落沙或落水涨沙出现的情况较少（尤其大河），因此系统误差难以抵消，误差的大小又不易控制，特别是当流量、含沙量变化较大时，由此产生的日平均输沙率的计算误差可能比较大。

3）采用"积分法"计算时，在流量、含沙量最大涨落段，无需再进行直线内插即可求出精确的计算结果。为减少"第一法"计算误差，应在流量、含沙量最大涨落段，直线内插 1~2 个点子再进行计算。这种内插点子的方法，实际上是为了让"第一法"的计算结果更接近"积分法"，以减少误差。如图 3-28 所示，在 Δt 时段内，用"积分法"求得的时段输沙量为凹形面积 $abcd$，用"第一法"求得的时段输沙量为梯形面积 $abcd$，其误差比较大。当内插一个点子后，"第一法"的时段输沙量为梯形面积 $afed$ 和 $fbce$ 之和，这样比梯形面积 $abcd$ 更接近凹型面积 $abcd$，从而减小了误差。而采用"积分法"则直接可以得到凹型面积 $abcd$ 的结果。

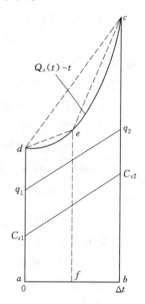

图 3-28 积分法与
第一法分析

(七) 月、年特征值统计

利用计算的日平均输沙率、含沙量资料，可以编制逐日平均悬移质输沙率表及逐日平均含沙量表。表中的主要月、年特征值如下。

1. 月、年平均输沙率

用全月或全年逐日平均输沙率的总和除以相应的月、年总日数：

$$\overline{Q}_{s月或年} = \frac{\sum_1^n \overline{Q}_s}{n} \tag{3-34}$$

2. 年输沙量

为通过河流中某一过水断面的悬移质泥沙总重量，以全年逐日平均输沙率之和，乘以 1 日的秒数得，单位以 t、万 t、亿 t 表示，即

$$W_s = 86400 \sum_1^n \overline{Q}_s \tag{3-35}$$

3. 输沙模数

以年输沙量除以集水面积得之，单位以 $t/(a \cdot km^2)$ 表示，即

$$M_s = \frac{W_s}{A} \tag{3-36}$$

4. 月、年平均含沙量

用月、年平均输沙率除以月、年平均流量得之，即

$$\overline{C}_{s月或年} = \frac{\sum_{1}^{n}\overline{Q}_{s月或年}}{\overline{Q}_{月或年}} \tag{3-37}$$

二、推移质输沙率数据处理

推移质输沙率资料整编的内容有：审查和分析原始资料；编制实测推移质输沙率成果表；确定推移质输沙率的推求方法；编制逐日平均推移质输沙率表，以及编写整编说明书等。

（一）实测资料的分析

推移质泥沙运动情况复杂，其脉动现象比悬移质要大得多，尤其是卵石推移质。推移质输沙率在断面内的分布很不均匀，一般情况，推移质的数量与流速的大小有密切关系，主流摆动的测站，推移质横向变化大。

推移质输沙率一般随悬移质输沙率，以及流速（流量、水位）的增减而增减。在山溪性比降很大的河流，平水期虽然流量、含沙量并不大，但推移质输沙率仍有相当的数量。

根据测站特性和资料情况，可进行以下几种分析：

（1）推移质输沙率与某种水力因素（流速、水位、流量、悬移质输沙率等）过程线对照。

（2）推移质输沙率与某种水力因素（流速、水位、流量、悬移质输沙率等）相关曲线分析。

（二）逐日推移质输沙率的推求方法

目前推移质输沙率测验和整编，正处在探索阶段，推求逐日平均推移质输沙率的方法，可在资料分析后确定。当实测资料很少时，也可积累数年资料后，合并整编。整编时，可选择以下几种方法。

1. 推移质输沙率与水力因素相关曲线法

点绘推移质输沙率与某水力因素（流速、水位、流量、悬移质输沙率等）相关曲线，当关系密切时，可以用此法。图3-29是用断面平均流速与推移质输沙率点绘的关系图，相关图采用的坐标是双对数坐标。从图3-29中可以看出，关系线呈两条相交的直线，分

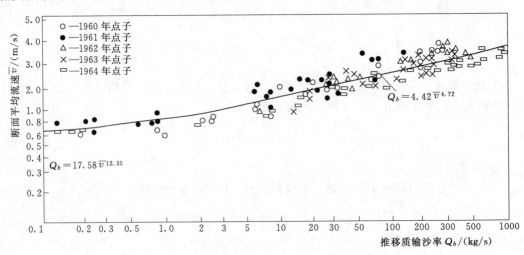

图 3-29　推移质输沙率与断面平均流速关系曲线

上、下两个系统，因每次实测推移质输沙率时，均为实测流量和悬移质输沙率，故可找出与推移质输沙率同时的断面平均流速与之点绘关系

$$Q_b = \alpha \, \overline{v}^n \tag{3-38}$$

式中：Q_b 为推移质输沙率，kg/s；$\overline{v}^n$ 为断面平均流速，m/s；α、n 为系数、指数。

为了使推移质输沙率与断面平均流速关系曲线图配合，还须点绘流量与断面平均流速相关图，可用实测资料在双对数纸上点绘，一般也呈线性关系，如图 3-30 所示。

推求日平均推移质输沙率时，可先用日平均流量在图 3-30 中查的相应的日平均流速，再用日平均流速在图 3-29 中查读日平均推移质输沙率。

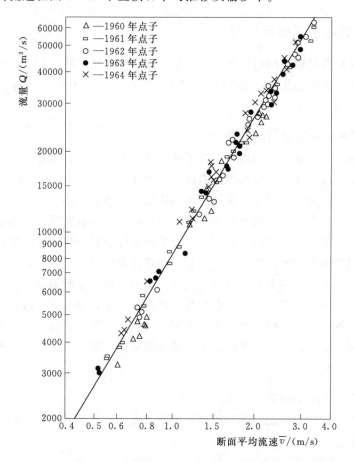

图 3-30 流量与断面平均流速关系曲线

当流量与推移质输沙率关系良好时，也可以直接点绘流量与推移质输沙率关系曲线，用日平均流量直接在相关曲线上推读日平均推移质输沙率。

2. 实测推移质输沙率过程线法

当推移质输沙率与其他水力因素关系不好，但测次较多时，可点绘实测推移质输沙率过程线。图的上方绘制逐日平均流量、逐日平均悬移质输沙率过程线，供绘制推移质输沙率过程线时参考。推求日平均推移质输沙率时，直接在过程线上查读。

3. 推移质输沙率与悬移质输沙率比值过程线法

当推移质输沙率不能与其他水力因素建立相关关系，但测点较多时，也可以用实测推移质输沙率与实测的悬移质输沙率的比值，绘制过程线。在连此过程线时，应参照悬移质输沙率过程线的趋势。推沙时，在过程线上查读比值，乘以同时的悬移质输沙率，即得推移质输沙率。

4. 单推、断推关系曲线法

对单位推移质输沙率与断面推移质输沙率关系比较稳定的沙质河床的测站，可绘制单、断推关系曲线，通过点群中心定出关系线，然后利用平时观测的单推资料在相关线上查读断推资料。

三、泥沙颗粒级配数据处理

泥沙颗粒级配资料整编的内容包括悬移质、推移质和河床质三种。其整编方法基本相似，内容为审查分析原始资料，编制有关实测及整编图表，推算日、月、年平均颗粒级配，合理性检查等。

(一) 实测颗粒级配资料的分析

对原始资料进行重点检查和校核，以了解资料的正确性和合理性。同时将实测的悬移质、推移质、河床质断面平均颗粒级配曲线，绘制于同一张图上，检查三者的对应关系。一般情况下，悬移质最细，河床质最粗，推移质居中，表现为小于或等于某一粒径的沙重的分数，悬移质为最大，河床质为最小，推移质在中间，如有反常，应检查分析原因。

绘制单颗、断颗关系图进行分析时，应以单沙水样颗粒级配小于某粒径沙重百分数为纵坐标，相应的断面平均颗粒级配小于某粒径沙重百分数为横坐标，点绘相关图，不同粒径级用不同符号表示，并在测点旁边注明测次。若关系点有系统偏离，可能是单颗取样方法或取样位置不当所致。若关系点分布散乱，可能是单颗代表性差，或者是分析操作上误差较大、计算错误、特殊水情、洪水来源不同、河道变化等因素所引起，经过分析，确认为错误是由计算引起时，应设法予以改正，属测验精度不高或其他自然因素影响者，应在整编成果中予以说明。

(二) 悬移质断面平均颗粒级配的推求

悬移质断面平均颗粒级配（简称继颗）的推求有单断颗关系曲线法和近似法两种，各种方法的操作步骤如下。

1. 单颗、断颗关系曲线法

在方格纸上点绘的单颗、断颗关系图，应符合以下规律：若测点密集成一带状，各粒径级均有 75% 以上的测点与关系曲线的偏离在 ±10% 以内（绝对误差），可定成单一关系曲线；若测点分布较为散乱，但依时间顺序有系统规律，形成两个以上的带组，可以时间为参数，定出多条曲线。

所定关系线，不管是曲线还是直线，其下端均应通过纵横坐标为零的点，上端能否通过纵横坐标为 100% 处，应根据测点分布情况而定。单颗、断颗关系图的关系，如图 3-31 所示。

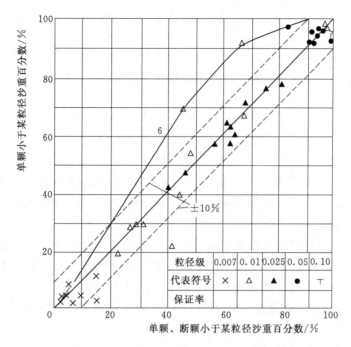

粒径级	0.007	0.01	0.025	0.05	0.10
代表符号	×	△	▲	●	⊤
保证率					

图 3-31　单颗、断颗小于某粒径沙重百分数关系

推求断颗。当单颗、断颗关系上端通过纵横坐标为 100% 点时，可直接以单颗各种粒径百分数在关系曲线上查取相应断颗各种粒径百分数；当单颗比断颗关系偏细时，先以单颗为 100% 的粒径级在关系线上查读相应粒径级别的断颗百分数，按规定向上再增加一个粒径级，作为断颗 100% 的粒径级；当单颗比断颗系统偏粗时，只推求相应于断颗为 100% 及其以下的单颗各粒径部分，以上部分不再使用。

2. 近似法

当单颗、断颗关系散乱，不能制定相关曲线，或仅测单颗者，可用此法，即以实测单颗代替断颗，进行日、月、年平均颗粒级配的计算。

(三) 悬移质日、月、年平均颗粒级配的计算

1. 日平均颗粒级配的计算

(1) 对 1 日实测一次单颗或断颗者，可推算或直接作为该日的平均颗粒级配。

(2) 1 日内实测 2 次以上者，其中任一颗粒级的沙重百分数最大最小值之差若小于或等于 20% 者，则用算术平均法计算；若之差大于 20%，且日平均输沙率采用流量加权法计算者，应采用输沙率加权法计算。

2. 月平均颗粒级配的计算

(1) 当 1 月内仅有 1 日或 1 次实测颗粒级配资料时，即以该日或该次资料作为该月的月平均颗粒级配。

(2) 当 1 月内有 2 日或 2 次以上实测资料时，根据该月输沙率变化情况，采用下述方法之一进行计算：

1) 1 月内输沙率变化较小时，用算术平均法计算；

$$P_{月} = \frac{\sum\limits_1^n P_i}{n} \tag{3-39}$$

2）1月内输沙率变化较大时，用时段输沙量（或输沙率）加权计算：

$$P_{月} = \frac{\sum\limits_1^n (P_i Q_{s日})}{\sum\limits_1^n Q_{s日}} \tag{3-40}$$

式中：$P_{月}$为月平均小于某粒径的沙重百分数，%；P_i为月内各日或各测次断面平均小于某粒径沙重的百分数，%；n为月内颗粒分析的日（或测次）数；$Q_{s日}$为各日（测次）代表的时段输沙量或时段日平均输沙率之和，kg/s。

代表时段划分的原则：当两测日或两测次间输沙率变化较小时，一般以两者日数的1/2处为分界；当输沙率变化较大时，以输沙率变化的转折点为分界。上月末及下月初两测日或两次间，如果输沙率变化较小，则以上月末一天的24时为分界；若两测次之间有沙峰出现，而沙峰转折之日无测次，则其分界应以月界和沙峰转折点结合起来考虑。

3. 年平均颗粒级配的计算

年平均颗粒级配用月输沙量（或输沙率）加权计算：

$$P_{年} = \frac{\sum\limits_1^{12} (P_{月} Q_{s月})}{\sum\limits_1^{12} Q_{s月}} \tag{3-41}$$

式中：$P_{年}$、$P_{月}$为年、月平均小于某粒径的沙重百分数，%；$Q_{s月}$为月输沙量或一月内各日平均输沙率之和，kg/s。

4. 日、月、年平均粒径的计算

日、月、年平均粒径，是根据相应的级配曲线分组，用沙重百分数加权计算：

$$\overline{D} = \frac{\sum \Delta P_i D_i}{100} \tag{3-42}$$

$$D_i = \frac{D_{上} + D_{下} + \sqrt{D_{上} D_{下}}}{3} \tag{3-43}$$

式中：$\overline{D}$为日、月、年平均粒径，mm；ΔP_i为日、月、年平均粒径级配中某沙重百分数，%；D_i为某分组平均粒径，mm；$D_{上}$、$D_{下}$为某分组上、下限粒径，mm。

四、泥沙数据的合理性检查

（一）悬移质泥沙资料的合理性检查

悬移质泥沙资料的合理性检查，分单站检查和上、下游站综合检查两种。

通过检查，对发现的矛盾和问题应进行认真的处理，以提高整编成果的质量。

1. 单站合理性检查

（1）历年关系曲线对照。当单沙取样位置、取样方法没有大的变化，断沙的推求也与往年一样时，可用历年单、断沙关系或水位比例系数关系曲线，进行对照，其曲线的趋势基本一致，且变化范围不应过大，当发现异常时，应查明原因。检查是因流域自然地理情况或本站水沙特性的改变而造成的（如水土保持、垦荒、河段冲淤变化等），还是由测算错误引起的。

（2）含沙量变化过程的检查。全年分月在同一张图上，绘制逐日流量、含沙量、输沙率过程线进行对照，洪峰期间，应加绘瞬时过程线对照。含沙量的变化与流量的变化常有一定的关系，可从历年流量、含沙量资料的比较中，找出规律性，据以检查本年资料的合理性。如有反常，应查明是由于人为因素，还是由于洪水来源、暴雨特征、季节性等因素影响所造成。

2. 上、下游综合合理性检查

（1）上、下游含沙量、输沙率过程线对照。在同一张图上，用同一纵、横坐标，将上、下游各站逐日平均含沙量、输沙率（或瞬时含沙量、输沙率）以不同的颜色或符号点绘过程线进行对照检查。

当没有支流汇入或支流来沙影响较小时，上、下游站之间，常有一定的对应关系，利用这一特性检查过程线的形状，峰、谷、传播时间、沙峰历时等是否对应、合理。如图3-32所示为我国辽河铁岭至巨流河站1963年6月下旬的含沙量过程线。从图3-32上可以看出，过程线形状相似，峰顶、峰谷相应，峰顶含沙量自上游向下游递减，起涨及峰顶时间上游先于下游，沙峰历时由上游向下游递减，这是合理的。

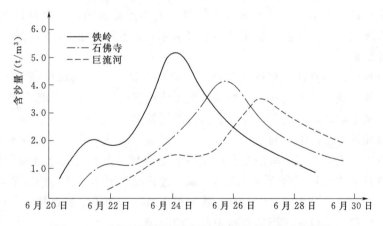

图3-32　辽河铁岭至巨流河站的部分含沙量过程线图

在支流汇入影响较大，或区间经常发生冲淤变化的河段，上、下游含沙量的关系就与上面不同了。图3-33是某河甲、乙、丙三站含沙量过程线图，从图3-33上可以看出，上、下游站含沙量变化过程不相应，例如7月12—16日甲站含沙量很小，但乙站却有较大的沙峰出现。查其原因，是由于支流的两站来沙量很大引起的。

（2）上、下游月、年平均输沙率对照。编制上、下游月、年平均输沙率对照表，检查输沙率沿河长的变化是否合理，当洪峰跨月时，可用两月的月平均输沙率之和作比较；当

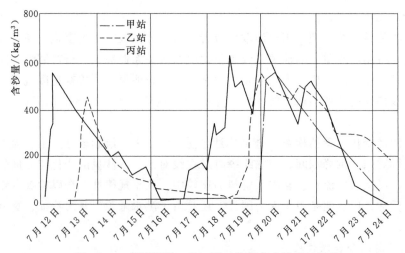

图 3-33 某河流甲、乙、丙三站部分含沙量过程线

区间支流有来沙影响时，应将上游站与支流站输沙率之和列入，与下游站比较。

（二）泥沙颗粒级配资料的合理性检查

泥沙颗粒级配资料的合理性检查，同样分为单站合理性检查和综合合理性检查两种。

1. 单站合理性检查

（1）与历年悬移质颗粒级配曲线对照。以当年与历年的年平均或同月的颗粒级配曲线进行对照，一般是各相应时期的曲线形状相似，且密集成一狭窄的带状分布。若发现当年或某月曲线，或某个时期前后曲线偏离成另一系统，应深入分析其变化原因。自然因素影响，如特大洪水、特别枯水、洪水来源不同等；人类活动影响，如流域内垦荒、水土保持、水利工程施工、河道疏浚、水库及灌溉引水等；受各时期测验、颗粒分析、水样处理的方法不同等影响。

在颗粒分析中，移液管法精度比较高。用粒径计法分析，其级配成果均存在偏粗现象。经历年曲线对照，当发现某个时期颗粒级配曲线偏离时，应与移液管法对比试验，若肯定误差确实属于粒径计法引起，应做适当的改正处理。

（2）悬移质颗粒级配沿时间变化与流量、含沙量过程线对照。泥沙颗粒级配与流量、含沙量之间常有一定的关系，本法是在历年格纸上绘制各因素的综合过程线做对照检查。图的上部绘逐日平均流量、含沙量（或输沙率）过程线，图的下部绘各日平均颗粒级配粒径小于某粒径的沙重百分数过程线。分析各种过程线之前的关系是否与历年三种过程线之间的变化规律相符，借以发现当年资料中存在的问题。

一般情况下，各粒径小于某粒径沙重百分数随时间的变化过程是渐变的，在某些多沙河流上，洪水期往往是粗颗粒泥沙比重减小，细颗粒增加，枯水期则相反。由于各流域自然地理、气候条件不尽相同，这一规律不一定适合各个河流，应根据历年资料找出本站泥沙变化规律，进行检查。

2. 综合合理性检查

此项检查是绘制小于某粒径的沙重百分数沿河长演变图，如图 3-34 所示。必要时也可用月年平均颗粒级配曲线进行比较。

当流域内土壤地质等自然地理条件基本相同，而河段内又没有冲淤时，一般是悬移质颗粒沿程变细，即较细的泥沙沿程相对增多，较粗泥沙沿程相对减少，如有反常情况，应分析原因。当河流经过不同的土壤地质地带，有冲淤的河段以及局部暴雨区时，都可能出现反常现象。

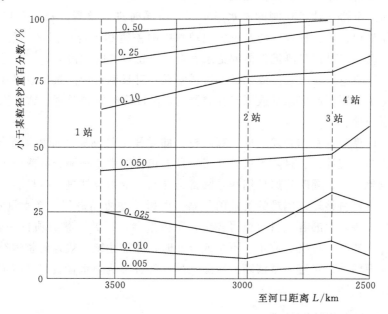

图 3-34　小于某粒径的沙重百分数沿河长演变

第五节　降水量、水面蒸发量数据处理及整编

一、降水量数据处理

（一）一般规定

　　审核原始记录，在自记记录的时间误差和降水量误差超过规定时，分别进行时间订正和降水量订正，有故障时进行故障期的降水量处理，统计日、月降水量，在规定期内，按月编制降水量摘录表。用自记记录整理者，在自记记录线上统计和注记按规定摘录期间的时段降水量。

　　用计算机整编的雨量站，根据计算机整编的规定，进行降水量数据加工整理。测站同时有固态存储器记录和其他形式记录时，如固态存储器记录无故障，则以固态存储器记录为准，固态存储器记录的降水量资料应直接进入计算机整编。

　　指导站应按月或按长期自记周期进行合理性检查。

　　（1）对照检查指导区域内各雨量站日、月、年降水量、暴雨期的时段降水量以及不正常的记录线。

　　（2）同时有蒸发观测的站应与蒸发量进行对照检查。

（3）同时用雨量器与自记雨量计进行对比观测的雨量站，相互校对检查。

按月装订人工观测记载簿和日记型记录纸，降水稀少季节，也可以月合并装订。长期记录纸，按每一自记周期逐日折叠，用厚纸板夹夹住，时段始末之日分别贴在厚纸板夹上。指导站负责编写降水量资料整理说明。

兼用地面雨量器（计）观测的降水量资料，应同时进行整理。资料整理必须坚持随测、随算、随整理、随分析，以便及时发现观测中的差错和不合理记录，及时进行处理、改正，并备注说明。对逐日测记仪器的记录资料，于每日8时观测后，随即进行昨日8时至今日8时的资料整理，月初完成上月的资料整理。对长期自记雨量计或累计雨量器的观测记录，在每次观测更换记录纸或固态存储器后，随即进行资料整理，或将固态存储器的数据进行存盘处理。

各项整理计算分析工作必须坚持一算两校，即委托雨量站完成原始记录资料的校正，故障处理和说明，统计日、月降水量，并于每月上旬将降水量观测记载簿或记录纸复印或抄录备份，以免丢失，同时将原件用挂号邮寄指导站，由指导站进行一校、二校及合理性检查。独立完成资料整理有困难的委托雨量站，由指导站协助进行，降水量观测记录簿、记录纸及整理成果表中的各项目应填写齐全，不得遗漏，不做记载的项目一般任其空白。资料如有缺测、插补、可疑、改正、不全或合并时，应加注统一规定的整编符号。各项资料必须保持表面整洁，字迹工整清晰、数据正确，如有影响降水量资料精度或其他特殊情况，应在备注栏说明。

（二）雨量器观测数据处理

有降水之日于8时观测完毕后，立即检查观测记录是否正确、齐全。如检查发现问题，应加注统一规定的整编符号。计算日降水量，当某日内任一时段观测的降水量注有降水物或降水整编符号时，则该日降水量也注相应符号，每月初统计填制上月观测记录表的月统计栏各项目。

（三）虹吸式自记雨量计观测数据处理

有降水之日于8时观测更换记录纸和量测自然虹吸量或排水量后，立即检查核算记录雨量误差和计时误差，若超过规定误差应进行订正，然后计算日降水量和摘录时段雨量，月末进行月降水量统计。

一日内使用机械钟的记录时间误差超过十分钟且对时段雨量有影响的，应进行时间订正。如时差影响暴雨极值和日降水量者，时间误差超过五分钟，即进行时间订正。订正方法：以24时、8时观测注记的时间记号为依据，当记号与自记纸上的相应纵坐标不重合时，算出时差，以两记号间的时间数除以两记号间的时差，得每小时的时差数，然后用累积分配的方法订正于需摘录的整点时间上，并用铅笔画出订正后的正点纵坐标线。

下面介绍一下虹吸式雨量计记录雨量的订正。

1. 虹吸量的订正

（1）当自然虹吸雨量大于记录量，且按每次虹吸平均差值达到0.2mm，或1日内自然虹吸量累计差值大于记录量2.0mm时，应进行虹吸订正。订正方法是将自然虹吸量与相应记录的累积降水量之差值平均分配在每次自然虹吸时的降水量内。

（2）自然虹吸雨量不应小于记录量，否则应分析偏小的原因。若偏小不多，可能是蒸发或湿润损失，若偏小较多，应检查储水器是否漏水或仪器是否有其他故障等。

2．虹吸记录线进行倾斜订正（倾斜值达到5min时）

（1）以放纸时笔尖所在位置为起点，画平行于横坐标的直线，作为基准线。

（2）通过基准线上正点时间各点，作平行于虹吸线的直线，作为"纵坐标订正线"。基准线起点位置在零线的，如图3-35和图3-36所示；起点位置不在零线的，如图3-37所示。

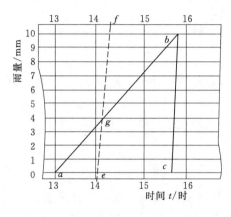

图3-35　虹吸线倾斜订正示意图　　　　图3-36　虹吸线倾斜订正示意图

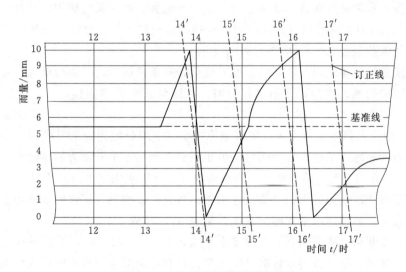

图3-37　虹吸线倾斜订正示意图

（3）纵坐标订正线与记录线交点的纵坐标雨量，即所求之值。如在图3-35中要摘录14时正确的余量读数，则通过基准线14时坐标点，做一直线 ef 平行于虹吸线 bc，交记录线 ab 于 g 点，g 点纵坐标读数即14时订正后的雨量读数。其他时间的订正值依次类推。

（4）如果遇到虹吸倾斜和时间快慢同时存在，则先在基准线上做时钟快慢订正，再通过订正后的正确时间，做虹吸倾斜线的平行线，再求订正后的雨量值。

3. 以储水器收集的降水量为准订正

（1）记录线在 10mm 处呈水平线并带有波浪状，则此时段记录雨量比实际降水量偏小。

（2）记录线到 10mm 或 10mm 以上等一段时间后才虹吸，记录线呈平顶状，则从开始平顶处顺趋势延长至与虹吸线上部延长部分相交为止，延长部分的降水量不应大于按储水器水量算得的订正值。

（3）大雨时，记录笔不能很快回到零位，致使一次虹吸时间过长。

4. 按实际记录线查算降水量

（1）虹吸时记录笔不能将至零线，中途上升。

（2）记录笔不到 10mm 就发生虹吸。

（3）记录线低于零线或高于 10mm 部分。

（4）记录笔跳动上升，记录线呈台阶形，可通过中心绘一条光滑曲线作为正式记录。

5. 器差订正

使用有器差的虹吸式自记雨量计观测时，其记录应进行器差订正。

（四）翻斗式自记雨量计观测数据处理

1. 每日观测雨量记录的整理

当记录降水量与自然排水量之差达 ±2%，且达 ±0.2mm，或记录日降水量与自然排水量之差达 ±2mm，应进行记录量订正。记录量超差，等计数误差在允许范围以内时，可以用计数器显示的时段和日降水量数值。如用机械钟，则一天内使用机械钟的记录时间误差超过 10min，且对时段雨量有影响时，应进行时间校正。若时差影响暴雨极值和日降水量者，时间误差超过 5min，应进行时间校正。

翻斗式雨量计的量测误差随降水强度而变化，有条件的站，可进行试验，建立量测误差与降水强度的关系，作为记录雨量超差时，判断订正时段的依据之一。无试验依据的站，有以下订正方法：

（1）1 日内降水强度变化不大，则将差值按小时平均分配到降水时段内，但订正值不足 1 个分辨力的小时不予订正，而将订正值累积订正到达 1 个分辨力的小时内。

（2）1 日内降水强度相差悬殊，一般将差值订正到降水强度大的时段内。

（3）若根据降水期间巡视记录能认定偏差出现时段，则只订正该时段内雨量。

翻斗式自记雨量计水量观测记录统计见表 3-8 所列。

每日 8 时观测后，将量测到的自然排水量填入表 3-8（1）栏，然后根据记录纸依序查算表中各项数值，但计数器累计的日降水量，只在记录器发生故障时填入，否则任其空白。若需计数器和记录器记录值进行比较时，将计数器显示的日降水量填入，并计算出相应的订正量。当记录器或计数器出现故障，表中有关各栏记缺测符号，并加备注说明。

2. 长期自记记录资料的整理

在每个自记周期末观测后，应立即检查记录是否连续正常，计算计时误差。若超差，应进行时间订正，然后计算日降水量、摘录时段雨量。统计自记周期内各月降水量。如条件许可，在每场暴雨后应检查记录是否正常，若发现异常，应及时处理，并记录处理时间，以保证后续记录正常。

表 3 - 8　　　　　　　　　年　月　日 8 时至　日 8 时降水量观测记录统计

(1)	自然排水量（储水器内水量）	=	mm
(2)	记录纸上查得的日降水量	=	mm
(3)	计数器累计的日降水量	=	mm
(4)	订正量＝(1)—(2)或(1)—(3)	=	mm
(5)	日降水量	=	mm
(6)	时钟误差　8 时至 20 时　分　　20 时至 8 时　分		

备注：

（1）当计时误差达到或超过每月 10min，且对日、月雨量有影响时，进行时间订正。当计时出现故障时，不进行时间订正。

（2）订正方法为以自记周期内日数除以周期内时差得每日的时差数，然后从周期开始逐日累计时长达 5min 之内，即将累计值订正于该日 8 时处，从该日起每日时间订正 5min，并继续累计时差，至逐日累计值达 10min 之日起，每日时间订正 10min，依次类推，直到将自记周期内的时差分配完毕为止。对于画线模拟记录，在记录纸上用铅笔画出订正后的每日 8 时纵坐标线；在需做降水量摘录期间或影响暴雨极值摘录时，时间订正达 5min 之内，应逐时画出订正后的纵坐标线。对于固态存储器记录，可用电算程序订正。

二、水面蒸发量数据处理

气象站测定的蒸发量是水面蒸发量，它是指一定口径的蒸发器中，在一定时间间隔内因蒸发而失去的水层深度，以 mm 为单位，取小数点后一位。

测量蒸发量的仪器有 E601B 型蒸发器和小型蒸发器。

（一）E601B 型蒸发器观测蒸发量

1. 构造

E601B 型蒸发器由蒸发桶、水圈、溢流桶和测针等组成，如图 3 - 38 所示。

（1）蒸发桶。由白色玻璃钢制作，是一个器口面积为 $3000cm^2$，有圆锥底的圆柱形桶，器口正圆，口缘为直外斜的刀刃形。器口向下 6.5cm 器壁上设置测针座，座上装有水面指示针，用以指示蒸发桶中水面高度。在桶壁上开有溢流孔，孔的外侧装有溢流嘴，用胶管与溢流桶相连通，以承接因降水较大时从蒸发桶内溢出的水量。

（2）水圈。水圈是安装在蒸发桶外围的环套，材料也是玻璃钢。用以减少太阳辐射及溅水对蒸发的影响。它由四个相同的弧形水槽组成。内外壁高度分别为 13.7cm 和 15.0cm。每个水槽的壁上开有排水孔。为防止水槽变形，在内外壁之间的上缘没有撑挡。水圈内的水面应与蒸发桶内的水面接近。

（3）溢流桶。溢流桶是承接因降水较大时而由蒸发桶溢出的水量的圆柱形盛水器，可用镀锌铁皮或其他不吸水的材料组成。桶的横截面以 $300cm^2$ 为宜，溢流桶应放置在带盖的套箱内。

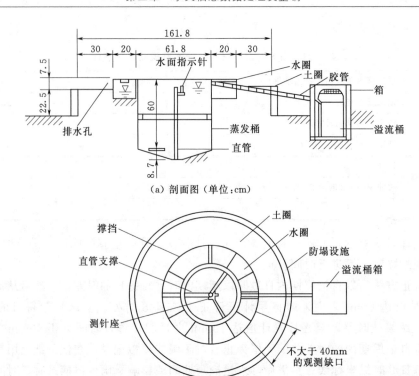

（a）剖面图（单位：cm）

（b）平面图

图 3 - 38　E601B 型蒸发器

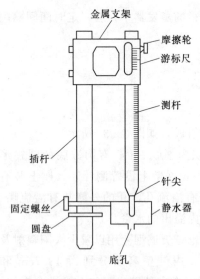

图 3 - 39　测针示意图

（4）测针。测针是专用于测量蒸发器内水面高度的部件，应用螺旋测微器的原理制成，如图 3 - 39 所示。读数精确到 0.1mm。测针插杆的杆径与蒸发器上测针座孔孔径相吻合。测量时使针尖上下移动，对准水面。测针针尖外围还设有静水器，上下调节静水器位置，使底部没入水中。

2．安装

E601B 型蒸发器安装在观测场内。

安装时，力求少挖动原土。蒸发桶放入坑内，必须使器口离地 30cm，并保持水平。通外壁与坑壁间的空隙，应用原土填回捣实。水圈与蒸发桶必须密合。水圈与地面之间，应取与坑中土壤相接近的土料填筑土圈，其高度应低于蒸发桶口缘约 7.5cm。在土圈外围，还应有放塌设施，可用预制弧形混凝土块拼成，或水泥砌成外围。

3．观测和记录

每日 20 时进行观测。观测时先调整测针针尖与水面恰好相接，然后从游标尺上读出水面高度。读数方法：通过游尺零线所对标尺的刻度，即可读出整数；再从游尺刻度线上找出一根与标尺上某一刻度线相吻合的刻度线，游尺上这根刻度线的数字，就是小数读数。

如果由于调整过度，使针尖伸入到水面之下，此时必须将针尖退出水面，重新调整好后始能读数。

$$蒸发量＝前一日水面高度＋降水量－测量时水面高度$$

观测后检查蒸发桶内的水面高度，如水面过低或过高，应加水或汲水，使水面高度合适。每次水面调整后，应测量水面高度值，记入观测簿次日蒸发量的"原量"栏，作为次日观测器内水面高度的起算点。如因降水，蒸发器内有水流入溢流桶时，应测出其量（使用量尺或 $3000\mathrm{cm}^2$ 口面积的专用量杯；如使用其他量杯或台秤，则需换算成相当于 $3000\mathrm{cm}^2$ 口面积的量值），并从蒸发量中减去此值。

为使计算蒸发量准确和方便起见，在多雨地区的气象站或多雨季节应增设一个蒸发专用的雨量器。该雨量器只在蒸发量观测的同时进行观测。

有强降水时，通常采取如下措施对 E601B 型蒸发器进行观测：①降大到暴雨前，先从蒸发器中取出一定水量，以免降水时溢流桶溢出，计算日蒸发量时将这部分水量扣除掉；②预计可能降大到暴雨时，将蒸发桶和专用雨量筒同时盖住（这时蒸发量按 0.0 计算），待雨停或者转小后，把蒸发桶和专用雨量筒盖同时打开，继续进行观测。

冬季结冰期很短或偶尔结冰的地区，结冰时可停止观测，各该日蒸发量栏记"B"；待某日结冰融化后，测出停测以来的蒸发总量，记在该日增发量栏内。但不得跨月、跨年。当月末或年末蒸发器内结有冰盖时，应沿着器壁将冰盖敲离，使之呈自由漂浮状后，仍按非结冰期的要求，测定自由水面高度。

冬季结冰期较长的地区停止观测，整个结冰期改用小型蒸发器观测冰面蒸发，但应将 E601B 型蒸发器内的水吸净，以免冻坏。

4. 维护

蒸发器用水的要求：应尽可能用代表当地自然水体的水。在取自然水有困难的地区，也可使用饮用水。器内水要保持清洁，水面无漂浮物，水中无小虫及漂浮污物，无青苔，水色无显著改变。一般每月换一次水。蒸发器换水时应清洗蒸发桶，换入水的温度应与原有水的温度相接近。

每年在汛期前后（长期稳定封冻的地区，在开始使用前和停止使用后），应各检查一次蒸发器的渗漏情况等。如果发现问题，应进行处理。

定期检查蒸发器的安装情况，如发现高度不准、不水平等问题，要及时予以纠正。

5. 蒸发自动测量传感器

（1）原理。该传感器由超声波传感器和不锈钢圆筒组成。根据超声波测距原理，选用高精度超声波探头，对 E601B 型蒸发器内水面高度变化进行检测，转换成电信号输出。并配置温度校正部分，以保证在使用温度范围内的测量精度。它的测量范围为 $0\sim100\mathrm{mm}$，分辨率 0.1mm，测量准确度 $\pm1.5\%$（$0\sim50℃$）。

（2）安装。该传感器安装在 E601B 型蒸发桶内的专用三角支架上。用 3 个水平调整螺钉将不锈钢筒的底座调整水平，拧紧固定螺钉。应保持不锈钢圆筒最高水位刻度线稍高于蒸发桶溢流孔。桶内注水，使水面接近不锈钢筒的最高水位刻度线处。保持水面位于最高和最低刻度线之间。传感器用电缆与采集器相连。

（3）维护。定期检查清洁传感器，发现故障时及时修复。冬季结冰时该仪器不观测，应将传感器取下，妥善保管；解冻后再重新安装使用。若冬季结薄冰的台站，停用传感器，只在 20 时用测针进行补测。

（4）数据采集与处理。采集器能够采集蒸发桶内水面高度的连续变化，自动计算出每小时和 1 日的蒸发量（采集器自动把同一时间内将至蒸发器内的降水量减去）。因降水使日蒸发量出现负值时，该日蒸发量按 0 处理。

（二）小型蒸发器观测蒸发量

1. 构造

小型蒸发器为口径 20cm，高约 10cm 的金属圆盆，口缘镶有内直外斜的刀刃形铜圈，器旁有一倒水小嘴。为防止鸟兽饮水，器口附有一个上端向外张开成喇叭状的金属丝网圈。如图 3-40 所示。

图 3-40　小型蒸发器

2. 安装

在观测场内的安装地点竖一圆柱，柱顶安一圈架，将蒸发器安装其中。蒸发器口缘保持水平，距地面高度为 70cm。冬季积雪较深的地区安装同雨量器。

3. 观测和记录

每天 20 时进行观测，测量前一天 20 时注入的 20mm 清水经 24h 蒸发剩余的水量，记入观测簿余量栏。然后倒掉余量，重新量取 20mm（干燥地区和干燥季节须量取 30mm）清水注入蒸发器内，并记入次日原量栏。蒸发量计算式如下：

$$蒸发量＝原量＋降水量－余量$$

有降水时，应取下金属丝网圈；有强降水时，应注意从器内取出一定的水量，并防水溢出。取出的水量及时记入观测簿备注栏，并加在该日的"余量"中。

因降水或其他原因，致使蒸发量为负值时，记"0.0"。蒸发器中的水量全部蒸发完时，按加入的原量值记录，并加"＞"，如"＞20.0"。

如在观测同时正遇降水，在取走蒸发器时，应同时取走专用雨量筒中储水瓶；放回蒸发器时，也同时放回储水瓶。量取的降水量，记入观测簿蒸发量栏中的"降水量"栏内。

没有 E601B 型蒸发器的气象站，全年使用小型蒸发器进行观测；有 E601B 型蒸发器的，且冬季结冰期较长的气象站，停止 E601B 型观测，用小型蒸发器进行冰面蒸发量观测，用称量法测量。两种仪器替换时间应选在结冰开始和化冰季节的月末 20 时观测后进行。E601B 型和小型蒸发器测得的蒸发量分别记在"大型"与"小型"栏内。

如结冰期有风沙，在观测时，应先将冰面上积存的尘沙清扫出去，然后称重。称重后须用水再将冻在冰面上的尘沙洗去，再补足 20mm 水量。

4. 维护

每天观测后均应清洗蒸发器，并换用干净水。冬季结冰期间，可 10 天换一次水。应定期检查蒸发器是否水平，有无漏水现象，并及时纠正。

（三）蒸发量的计算方法

1. 水量平衡法

水量平衡法是基于水量平衡原理的基本思想提出的，即先明确均衡体及各水均衡要素，然后测定或估算各计算时段内除蒸散发外的其他水均衡要素，最后求出水均衡余项蒸散发，该方法也称为水均衡法。

$$ET \cdot A = P \cdot A + I - R - D - \Delta S \tag{3-44}$$

式中：ET 为蒸散发，mm；A 为区域面积，km^2；P 为降水，mm；I 为区域外调水，m^3；R 为流出区域的地表地下径流，m^3；D 为深层渗漏，m^3；ΔS 为土壤储水变化量，m^3。

2. 蒸渗仪法

蒸渗仪是一种装有土壤和植被的容器，同时测定蒸发和蒸腾。其原理是将蒸渗仪埋设于自然土壤中，并对其土壤水分进行调控来有效地模拟实际的蒸散过程，再通过对蒸渗仪的称重，就可得到蒸散量。这种方法在农田蒸散研究中心是最为有效和经济的实测方法。

3. 涡度相关法

涡度相关法首次由 Swinbank 在 1951 年提出，1961 年 Dyer 做了第一台涡动通量仪。后来经过一系列改进，形成了现在的涡度相关仪。这是一种用特制的涡动通量仪直接测算下垫面显热和潜热的湍流脉动值，而求得蒸散发量的方法。其计算公式为

$$E = -\rho \omega q \tag{3-45}$$

式中：E 为瞬时蒸发量，mm；ρ 为空气密度，kg/m^3；ω 为垂直风速脉冲值；q 为湿度的瞬时脉冲值。

4. 红外遥感法

红外遥感法就是利用多相时、多光谱及倾斜角度的遥感资料综合反映出下垫面的几何结构和湿热状况，特别是表面红外温度与其他资料结合起来能够客观地反映出近地层湍流通量大小和下垫面干湿差异，使得遥感方法比常规微气象方法精度高，尤其在区域蒸发计算方面具有明显的优越性。遥感中可见光、近红外光和热红外波段的数据反映了植被覆盖与地表温度的时空分布特征，可用于能量平衡中净辐射、土壤热通量、感热通量组分的计算，1973 年 Brown 和 Rosenbeg 根据热量平衡原理提出了遥感蒸散模式。

第六节　水质数据处理及整编

随着工业、农业和城市的迅速发展，大量污水废物排入水域，水体受到污染，水质变坏，并影响到了人类正常的生产和生活，水质问题越来越引起人们的普遍关注。为了掌握水质状况，进行水质评价，防止水体污染，需要对水质进行分析监测。水质监测是取得水体污染各种数据的主要手段。在水质监测中，测站布设是否合理、样品的采集以及储存是否科学、监测依据以及数据处理方法是否准确都直接影响到结果的代表性、科学性、准确性。

一、数据记录与处理

1. 数据记录要求

（1）用钢笔或档案圆珠笔及时填写在原始记录表格中，不得记在纸片或其他本子上再誊抄。

（2）填写记录字迹应端正，内容真实、准确、完整，不得随意涂改。

（3）改正时应在原数据上划一横线，再将正确数据填写在其上方，不得涂擦、挖补。

（4）对带数据自动记录和处理功能的仪器，将测试数据转抄在记录表上，并同时附上仪器记录纸；若记录纸不能长期保存（如热敏纸），采用复印件，并做必要的注解。

（5）原始记录应有测试、校核等人员签名，校核人要求具有 5 年以上分析测试工作经验。

（6）记录内容包括检测过程中出现的问题、异常现象及处理方法等说明。

2. 数据记录中有效位数的确定原则

（1）根据计量器具的精度和仪器刻度来确定，不得任意增删。

（2）按所用分析方法最低检出浓度确定有效数字的位数。

（3）来自同一个正态分布的数据量多于 4 个时，其均值的有效数字位数可比原位数增加 1 位。

（4）精密度按所用分析方法最低检出浓度确定有效数字的位数，只有当测次超过 8 次时，统计值可多取 1 位。

（5）极差、平均偏差、标准偏差按所用分析方法最低检出浓度确定有效数字的位数。

（6）相对平均偏差、相对标准偏差、检出率、超标率等以百分数表示，视数值大小，取至小数点后 1~2 位。

3. 数据检查与处理以及运算规则

（1）测定数据中如有可疑值，经检查由非操作失误引起，可采用 Dtxon 法或 Grubbs 法等检验同组测定数据的一致性后，再决定其取舍。

（2）数据的运算应按以下规则进行：当数据加减时，其结果的小数点后保留位数与各数中小数最少者相同；当各数相乘、相除时，其结果的小数点后保留位数与各数中有效数字最少者相同；尾数的取舍按"四舍六入五单双"原则处理，当尾数左边一个数为 5，其右的数字不全为零时则进一，其右边全部数字为零时，以保留数的末位的奇偶决定进舍，奇进偶（含零）舍；数据的修约只能进行 1 次，计算过程中的中间结果不必修约。

4. 分析结果表示的要求

（1）使用法定计量单位及符号等。

（2）水质项目中除水温（℃），电导率 $[\mu s/cm(25℃)]$、氧化还原电位（mV）、细菌总数（个/mL）、大肠菌群（个/L）、透明度（cm）外，其余单位均为 mg/L。

（3）底质、悬移质及生物体中的含量均用 mg/kg 表示。

（4）平行样测定结果用均值表示。

（5）当测定结果低于分析方法的最低检出浓度时，用"<DL"表示，并按 1/2 最低检出浓度值参加统计处理。

（6）测定精密度、准确度用偏（误）差值表示。

（7）检出率、超标率用百分数表示。

二、资料整编、汇编

（一）资料整编、汇编一般规定

（1）各级水环境监测中心对监测原始资料，均应进行系统、规范化整理分析，按分级管理要求进行整编、汇编，并向上级水环境监测中心报送成果。

（2）水环境监测中心应按检测流程与质量管理体系对原始测试结果进行核查，发现问题应及时处理，以确保检测成果质量。

（3）原始资料检查内容包括样品的采集、保存、运送过程、分析方法的选用及检测过程、自控结果和各种原始记录（如试剂、基准、标准溶液、试剂配制与标定记录、样品测试记录、校正曲线等），并对资料合理性进行检验。

（4）此处仅列出地表水监测资料的整编、汇编要求，地下水、大气降水和排污口等调查与监测资料的整编、汇编，可参照执行。

（二）资料整编

1. 原始资料整编

（1）原始资料的初步整编工作以基层水环境监测中心为单位进行。

（2）原始资料自检测任务书、采样记录、送样单至最终检测报告及有关说明等原始记录，经检查审核后，应装订成册，以便于保管备查。

（3）资料按省、自治区和直辖市等进行分类整编，填制或绘制有关整编、汇编用图表；编制有关说明材料及检查初步整编成果。

2. 整编内容

（1）编制水质站监测情况说明表及位置图。

（2）编制监测成果表。

（3）编制监测成果特征值年统计表。

（三）资料汇编方式与要求

（1）资料汇编以流域为单位进行，各省、自治区、直辖市水环境监测中心应于次年 4 月底完成资料整编汇编工作。

（2）汇编单位组织对资料进行复审，复审方式可采取集中式或分寄式等，一般抽审 5％～15％的成果表和部分原始资料，如发现错误，需进行全面检查。

（3）汇编内容主要包括：①资料合理性检查及审核；②编制汇编图表，如水质站及断面一览表、水质站及断面分布图、资料索引、其他图表。

（4）送交汇编的图表，应经过校（初校、复校）审并达到项目齐全，图表完整，方法正确，资料可靠，说明完备，字迹清晰，要求成果表中无大错，一般错误率不得大于 1/10000。

（5）汇编成果应包括：①资料索引表；②编制说明；③水质站及断面一览表；④水质站及断面分布图；⑤水质站监测情况说明表及位置图；⑥监测成果；⑦监测成果特征值年统计表。

监测资料计算机整编、汇编应统一采用水利系统水环境监测资料整编、汇编程序。整编、汇编的成果资料以纸质文字和磁盘、光盘等载体存储与传递。

三、资料保存与要求

资料包括纸质文字资料及磁盘、光盘等其他介质记录的资料。主要保存内容如下。

（1）各种原始记录。

（2）整编、汇编成果图表。

（3）整编、汇编情况说明书。

资料保存应符合以下要求。

（1）按档案管理规定对资料进行系统归档保存，原始资料保存期限 5 年，整编、汇编成果资料长期保存，注意安全。

（2）磁介质资料存放有防潮、防磁措施，并按载体保存限期及时转录。

（3）除原始资料外，整编、汇编成果资料有备份并存放于不同地点。

第四章 水文信息传输与自动测报系统

水文信息采集后，需要迅速、及时地传送到有关水信息管理部门，如各省（直辖市、自治区）、各流域机构、全国的水文信息中心，经过处理、决策后，为国民经济各部门服务。因此，水文信息传输技术是与有线、无线、光纤、卫星等通信技术联系在一起的。

随着遥测技术的发展和对水文信息自动采集的要求，水文信息采集、传输、处理自动化也得到快速发展，形成了应用遥测、通信、计算机技术完成江河流域降水量、水位、流量、闸门开度等数据的实时采集、报送和处理的水文自动测报系统。将信息处理技术与传输技术融合，就形成了计算机网络。

本章将扼要介绍信息传输、遥测和计算机网络的基本原理和组成，并介绍目前已投入运行的水文自动测报系统及其发展趋势。

第一节 水文信息的传输方式

布置在流域上的雨量站、水位站和水文站，采集了大量的水文信息，如降水量、水位、流量等信息。为了把如此大量的水文信息迅速、准确、实时传输到水文部门的中央控制室，必须采用先进的通信手段（或方式）和依靠庞大的通信网络来实现。

一、通信系统的组成

传递信息所需的一切技术设备的总和称为通信系统，通信系统的一般模型如图 4-1 所示。

1. 信息源和收信者

根据信息源输出信号的性质不同可分为模拟信源和离散信源。模拟信源（如电话机、电视摄像机等）输出连续幅度的信号；离散信源（如计算器、电传机等）输出离散的符号序列或文字。

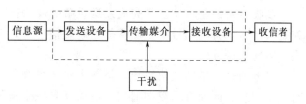

图 4-1 通信系统的一般模型

信息可以是语言、数据、视频、图像，或者是这些信息的结合，即多媒体。信息可以以其原始的或本身的形式发送。也可以以某种方式改变原始数据，从而保证信息发送设备、接收设备以及各种网络设备之间的相互协调。例如，模拟语音或视频信号转换为数字（数据）比特流，数字化的语音或视频信号转换为模拟语音或视频信号，以及数字化数据转换为模拟形式。另外，为了提高信息传送的效率，通常将信息压缩成"简化"的数据形式。

由于信息源产生信息的种类和速率不同，因而对传输系统的要求也不相同。

2. 发送设备

发送设备的基本功能是将信源和传输媒介匹配起来，即将信源产生的消息信号变换为便于传送的信号形式，送往传输媒介。变换方式是多种多样的。在需要频谱搬移的场所，调制是最常见的变换方式。

对于数字通信系统来说，发送设备常常又可分为信道编码与信源编码两部分，如图4-2所示。信源编码是把连续消息变换为数字信号；而信道编码则是使数字信号与传输媒介匹配，提高传输的可靠性或有效性。

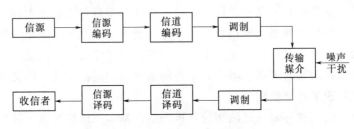

图 4-2　数字通信系统的组成

发送设备还包括为达到某种特殊要求所进行的各种处理，如多路复用、保密处理、纠错编码处理等。

3. 传输媒介

从发送设备到接收设备之间信号传递所经过的媒介，可以是有线的，如双绞线或同轴电缆，以及玻璃或塑料纤维（光纤）；也可以是无线的，如微波、卫星、蜂窝或红外光。传输过程中必然引入干扰，如热噪声、脉冲干扰、衰落等。媒介的固有特性和干扰特性直接关系到变换方式的选取。

在跨越距离相当大的实际网络中，发送设备和接收设备之间的信息传送要经过多种传输介质。例如，一次洲际间的电话或数据传输便需要通过许多介质。

4. 接收设备

接收设备的基本功能是完成发送设备的反变换，即进行解调、译码、解密等。它的任务是从带有干扰的信号中正确恢复出原始信息来，对于多路复用信号，还包括解除多路复用，实现正确分路。

以上所述是单向通信系统，但在大多数场合下，信源兼为收信者，通信的双方需要随时交流信息，因而要求双向通信，电话就是一个例子。这时，通信双方都要有发送设备和接受设备。如果两个方向有各自的传输媒介，则双方即可独立进行发送和接收；但若共用一个传输媒介，则必须用频率或时间分割的办法来共享。

此外，通信系统除了完成信息传递之外，还必须进行信息交换，传输系统和交换系统共同组成一个完整的通信系统乃至通信网络。

二、传输媒体的类型

由前述可知，信息传输时必须利用某种形式的传输媒体。这些媒体可分成两类：第一类包括所有有线媒体，有线媒体也可指有传导的、有导向的或受束缚的媒体；第二类包括所有的传统无线媒体，无线媒体也可指有辐射的、无导向的或不受束缚的媒体。

有线媒体是一种可视的物理媒体，一般使用金属或玻璃导体，以传导或传送某种形式的电磁能。由于有线媒体是将信号包含在一个封闭的物理通路中，因此称其为导向媒体或传导系统。

无线媒体不利用物理导体来束缚信号，而是利用无线电波以辐射的形式将某种形式的电磁能传送出去，因此称其为无导向媒体或不受束缚媒体，这种无线传输系统也常称为无导向系统或不受束缚系统，通常称为无线电波系统。

无线电波是在空间传播的、频率范围在 3kHz～300GHz、一般用天线辐射或接收的电磁波。无线电波的传播特性随频率的高低不同而有差别，习惯上把无线电波的频率（或波长）范围划分为若干频段（或波段），见表 4-1。

表 4-1　　　　　　　　　　　无线电波的分类及传播特性

波　段	波　长	频　率	传播方式
长波	10000～1000m	30～300kHz	地波
中波	1000～100m	300～3000kHz	地波
短波	100～10m	3～30MHz	天波
超短波	10～1m	30～300MHz	近似直线传播
微波分米波	10～1dm	300～3000MHz	直线传播
厘米波	10～1cm	3～30kMHz	直线传播
毫米波	10～1mm	30～300kMHz	直线传播

无线电波的频率 f、波长 λ 和波速 C 有如下关系：

$$C = \lambda f \tag{4-1}$$

式中：C 为无线电波的波速，即无线电波在单位时间（1s）内传播的距离（m/s），它与光速相同，其值为 $3 \times 10^8 \text{m/s}$；λ 为波长，即无线电波从一个周期的任一点到下一个周期同一位置点的距离，单位视其长短可采用米（m）、厘米（cm）或微米（μm）；f 为频率，即无线电波在单位时间（1s）内振动的次数，每秒振动 1 次的为 1 赫（Hz），1000 次的为1000 赫（kHz），100 万次的为 1 兆赫（MHz）。因此，可利用式（4-1），由频率计算波长，或由波长计算频率。

一般说来，各个频段的无线电波都可以用做无线通信，但从传输方式看，它们的传播机理是完全不同的。中长波是靠地波传播的，地波也称"表面波"，是沿地球表面传播的，波长越长，传播的越远，但地波的最大传播距离一般不超过 3～4km。短波是靠天波传播的，也即依靠电离层的反射来传播的，传播距离一般可达数千公里。超短波、微波是沿直线传播的，又叫视波，直接传输距离只有几十公里，要实现远距离通信，必须采用中继方式。

第二节　水文信息遥测原理

水文信息遥测实质上是自动采集水文信息并将其传输到中央控制室。因此，水文信息遥测系统由两部分组成：一部分是自动采集设备，如遥测雨量计、遥测水位计等，另一部分是通信或传输系统。

一、遥测与遥控的基本概念

人们在实践活动中，常需要对所研究和使用的对象进行各种物理量（或参数）的测量。有些测量可以在被测点位置上直接使用仪表来完成，如使用万用表测量电压、电流、电阻，使用温度计测量温度，使用水尺测量水位等。这时人们通过视觉直接读取这些参数，从而完成所需要的测量任务，这就是通常所说的"测量"的概念。

有些测量对象，如运载火箭、具有放射性的物体等，人们不能或不宜于在它们所处的位置进行有关参数的测量，只能在远离它们的地方进行间接测量。这种对远距离被测对象的间接测量，习惯上称为"遥测"。因此，遥测乃是测量的一种延伸。这里所说的"远距离"是一个相对概念，它可以近到几米，如对高速旋转体内静应变参数的遥测，也可以远到几十万公里，如对卫星和高空探测中的遥测。

完成遥测任务的所有设备的总和称为遥测系统，它一般包括输入设备、传输设备和终端设备，如图 4-3 所示。

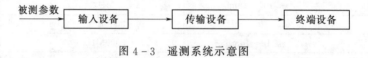

图 4-3　遥测系统示意图

输入设备通常包括传感器和信号调节器。传感器的作用是感受被测的物理量（参数）并将它变换成便于传输、处理、显示和记录的信号（这里仅指电信号）。该信号再经过信号调节器放大和调制，以满足传输设备的要求。有时还要进行适当的匹配和补偿，以提高传感器的变换精度。在某种情况下，传感器和信号调节器统称为传感器。

传输设备的作用是把输入设备输出的信号传输到距离很远的终端设备。若是有线传输，传输设备就是一对导线、电缆或光缆；若是无线传输，传输设备应包括收发机、天线和传输媒介（即信道）。遥测不同于一般测量的主要特征，就是它有传输设备。

终端设备的作用是对传输设备的输出信号进行处理、显示和记录。终端设备可能十分简单，例如只有一个对被测参数进行指示或观察的表头或示波器，或者只是一台进行记录的紫外线记录仪或磁记录仪等；也可能极其复杂，例如一台对被测参数进行实时处理的计算机系统。

为了更好地和可靠地保证遥测任务的完成，有时还要进行遥控。像遥测一样，人们在实践活动中，常常要对所研究和使用的对象进行控制。有些控制任务可以在被控对象处直接完成，加人工操作机床、飞行员驾驶飞机等，这就是一般所说的"控制"的概念。但是，当控制人员远离被控对象（如火箭、导弹、卫星）或不宜接触被控对象（如高压设备和放射性物体）时，就不能采用直接控制的方法，而采用间接控制的方法，这种对远距离被控对象的间接控制，习惯上称为"遥控"。完成遥控任务的所有设备的总和称为遥控系统，如图 4-4 所示。

对任何遥控系统，需要解决的问题是：给定系统的输入量 X，应使其输出量 Z 满足一定的性能指标。为此，需要选择一个适当的被控对象输入量 W，以便根据它来设计一

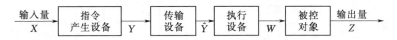

图 4-4 遥控系统示意图

个控制指令信号产生设备，使其在给定输入量 X 的作用下，产生所需要的控制指令信号 Y，然后通过传输设备送到执行设备，再加到被控对象上。为了表示传输设备可能带来的失真，用 $\hat{Y}$ 表示其输出，以表示它与输入信号 Y 不完全一样；如果传输设备是理想的且无干扰，应有 $\hat{Y}=Y$。

像遥测系统一样，遥控系统与一般的控制系统的主要差别就在于前者较后者增加了传输设备，以解决远距离控制（遥控）的问题。若是有线遥控，传输设备就是一对导线、电缆或光缆；若是无线遥控，传输设备就是一对导线、电缆或光缆；若是无线遥控，传输设备就是一套收发设备、天线和传输媒介。

上面所说的遥控系统比较简单，但控制人员不了解被控制的结果是否满足要求。为此，要在遥控系统上增加一个反馈系统，如图 4-5 所示，称为闭环遥控系统；而图 4-4 所示的称为开环遥控系统。

闭环遥控系统与开环遥控系统不同之处在于增加了一套反馈系统——监测设备和传输设备。监测设备不断地监视与测量被控对象的输出量，并把此量通过传输设备反馈到控制指令信号产生设备中，与给定的外部输入量 X 进行比较，去修正控制信号，直到被控对象的输出量满足给定的性能指标为止。

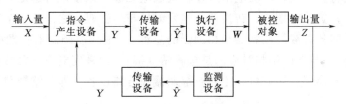

图 4-5 闭环遥控系统示意图

闭环遥控系统中的反馈系统，实际上是一套遥测系统，其中的监测设备相当于遥测系统中的输入设备，指令产生设备相当于遥测系统中的终端设备。

因此，遥测与遥控的关系是十分密切的，通常把它们合起来称为"远动系统"或"二遥技术"。在实际工作中，它们可以自成系统，单独使用，这就是开环遥测系统（图 4-3）或开环遥控系统（图 4-4）；也可联合使用，这就是闭环遥测、遥控系统（图 4-5）。当前，不仅遥测、遥控组合起来构成遥测、遥控系统，而且还把它们与通信、电视和跟踪等组合起来构成一个多功能系统，以达到减少设备、降低能耗和成本的目的。综合系统主要节省的设备是传输设备，即一套传输设备可以完成多功能的传输任务。遥测、遥控中的信息传输系统由发射站、传输媒介和接收站三部分组成，如图 4-6 所示。

加到传输系统输入端的 $f_1(t)$、$f_2(t)$、$f_3(t)$、…、$f_n(t)$，既可表示 n 个被测物理量（信息）经过输入设备变换成的遥测信号，又可表示 n 个控制指令（信息）经过指令产生设备变换成的遥控信号，统称信息信号。n 个信息信号分别对 n 个副载波进行调制，其目

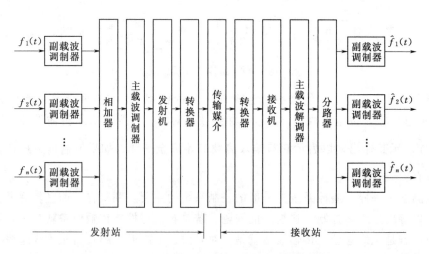

图 4-6　遥测、遥控信息传输系统示意图

的是为了进行多路传输。若副载波是频率不同的正弦波，就构成频分多路传输系统；若副载波是时间位置不同的脉冲波，就构成时分多路传输系统。各已调副载波信号经过相加器形成多路信号，去对主载波进行调制。主载波的频率通常是很高的，以便进行有效的辐射。已调主载波信号加到发射机上，发射机由电压放大器和功率放大器组成，其作用是保证有足够的载波信号功率输出，以便在给定的传输距离上和有噪声的情况下，为接收站提供较强的输入信号。发射机的输出信号送往转换器，在无线传输中，转换器就是一部天线，其作用就是将发射机输出的电信号，转换成电磁波，以便进行远距离传输。因此，转换器又称换能器，更一般地说，转换器乃是发射机与传输媒介之间的一个匹配部件。

多路设备（即各副载波调制器和相加器的总称）、主载波调制器、发射机和转换器合称为发射站（端），与发射站相对应的是接收站（端），用来完成与发射站相反的过程和作用，接收站包括转换器、接收机、主载波解调器和分路设备（即分路器和各副载波解调器的总称）。

接收站中的转换器用来将电磁波转换成电信号，并送给接收机。接收机是一个低功率部件，常由低噪声高频放大器、混频器和中频放大器组成，其作用是将转换器送来的微弱信号（一般为微伏量级）放大到解调器所需强度信号（一般为伏量级），并最大限度地降低噪声的影响。接收机输出的已调信号送给主载波解调器，则调制信号（即多路信号）从已调主载波信号中解调出来，并送往分路器。分路器从多路信号中分出各路已调副载波信号，在经过各路的副载波解调器将信息信号解调或恢复出来。由于传输系统本身性能不完善，加上各种干扰和噪声的影响，被恢复出来的信息信号，可能与发射站输入端的信息信号 $f_i(t)$ 不同，故 $\hat{f}_i(t)(i=1,2,3,\cdots,n)$ 来表示，以显示它们之间的差别。传输系统设计的基本任务之一，就是要保证差别（或称传输误差）为最小。

把发射站和接收站连接起来的是传输媒介，又称信道。目前遥测遥控系统中主要使用的媒介或信道有：架空明线、同轴电缆、光缆、中长波的地波传输、短波的天波传输、超短波和微波的视距传输（包括人造地球卫星中继）等。

传输媒介或信道，可能以多种方式影响传输信号的质量，它可能给所传输的信号附加上噪声或干扰，也可能是电磁波多路传输而引起信号的衰落，还可能是信道传输特性不理想和信道带宽有限而使信号失真。因此，提高传输系统的抗噪声性能，是保证传输质量的重要途径之一。

在上面讨论信息传输系统时，涉及信息与信号、调制与解调、干扰与噪声、多路传输等概念，下面对它们作进一步说明。

二、信息与信号

根据信息论的观点，信息是指对消息接受者来说是预先不知道的报道，如广播天气预报时，收听者预先不知道明天是阴、雨或晴，则这一报道对收听者来说具有信息作用；假如所广播的是已知的昨天的天气，那就没有信息作用了。因此，消息乃是人们所感觉到的外界事物的物理状态，如温度、压力、语言、音乐、文字、图像、数据和指令等，其中原来不知而待知的消息就是信息。由此可见，遥测中的被测物理量或参数，是原来不知而待知的消息，所以称其为信息。

信息的传送是借助于表征信息的信号传送来实现的。因此，信号是信息的携带者，或看成是信息的表现形式。这种信号可以是某种物理量（光、电、声、热等），但多数是利用电信号（或转换为电信号）。实际上，光信号也是电磁波信号，而语音声信号的远距离传送总是转换为电信号来实现的，热电转换也是常见的一种转换形式。如果信息用电信号来表示，也即用不断变化的电压或电流波形来表示，那么电压或电流波形就是信息的携带者，称为电信号，简称信号，同时把表示信息的信号（电压或电流波形）叫做信息信号，记为 $f(t)$。

传感器的功能就是获取信息，并将信息转换成便于传输系统传输的信号。因此，传感器被定义为感受非电量并变换非电量为电量的器件。传感器主要由敏感元件、传感元件、测量线路和辅助电源构成，如图 4-7 所示。

图 4-7 传感器组成示意图

敏感元件用来感受被测的非电量，并将它转换成另一种形式的非电量，传感元件将此非电量变换成电量。如图 4-8 所示的膜盒式压力传感器，当弹性膜盒（敏感元件）内腔通入被测流体，在其压力作用下，膜盒中心产生弹性位移，使连杆运动，从而带动电位器（传感元件）的电刷滑动，将位移量变成电量（电压或电流）。

如果传感元件直接输出电信号（电压或电流），测量电路就是一般的放大器；如果传感元件输出的是电阻、电容或电感等参数，就需要通过测量电路（一般为电桥）将这些参数变换成电压、电流信号，然后再放大。测量电路除

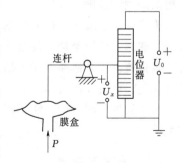

图 4-8 膜盒式压力
传感器工作原理

了完成信号的放大和变换外，还对传感器内部和外部线路起到缓冲、匹配和补偿作用，以提高其精度。同时，如果需要的话，测量线路还能对传感器的输出信号进行预处理。

三、调制与解调

所谓调制，是指把一种信号变换成另一种信号的过程，在信息传输中采用调制的目的是：

第一，为了有效地辐射电磁波，增加传输距离。

在无线电技术中，信号是借助于天线辐射电磁波来传输的。为了使天线有效地辐射电磁波，天线的实际尺寸应与信号的波长处于同一个量级。由于一般的信号小于几兆赫（通常称为基带信号或低通型信号），它的波长很长（几十米到百余米），如果利用天线直接辐射，所需天线尺寸在工程上很难实现。如果通过主载波调制，将较低频率的信号"潜移"到较高的载波信号上，比如为 300MHz 以上（此时波长在 10m 以下），制造这样数量级的天线就没有什么困难了。

第二，保证多路传输的实现。

通过调制，可将多个信息信号（它们的频谱分量处于同一频带范围内）"潜移"到不同的频率或时间上，利用一套载波系统同时或依次对它们进行传输，从而实现多路传输或多路复用，如图 4 - 15 中副载波调制就起到这样的作用。

第三，提高传输系统的抗噪声性能。

信号在传输过程中总是要受到噪声影响的，导致信息传输质量或精度下降，不同的调制方法，对噪声影响的抑制能力不同，也就是抗噪声性能不同。

第四，增加信息传输的保密性，提高系统对于各种人为干扰的抵抗能力。

第五，使信息信号搬移到给定的载波工作频段上，保证各种信息传输系统之间以及同其他类型的无线电系统之间，工作时不要发生相互影响（即干扰）。现在，国家对各种不同系统的载波工作频段，都有一个给定的范围。

调制的方式与载波形式有关，如果载波（包括副载波）是正弦波，则有幅度调制（AM）、频率调制（FM）和相位调制（PM）；如果载波（包括副载波）是脉冲被，则有脉冲幅度调制（PAM）、脉冲持续时间调制（PDM）和脉冲位置调制（PPM），以及脉冲编码调制（PCM）和增量调制（DM）。这后两类属于数字调制的范围，而前面各类则属于模拟调制的范围。

为了最终获取被传输的信息，信号在传输过程中，必然存在一个与调制相反的变换过程——解调。所谓解调，就是指从已调载波信号中将原调制信号解调（或恢复）出来的过程，也称检波。调制是在发射站中完成的，而解调则是在接收站完成的。一般来说，采用几次调制，就有几次解调。

由于调制和解调的方法不同，就构成厂不同的传输系统，也就构成厂不同的遥测、遥控系统。

四、干扰与噪声

信号在传输过程中，总要受到各种干扰与噪声的影响。干扰一般是指传输系统以外的其他设备（如通信、雷达、电台等）引入的信号以及电气开关设备产生的火花放电等。噪声分外部和内部两种，外部噪声是指大气噪声、银河系噪声以及各种宇宙噪声等；内部噪声是指传输系统本身（其中主要是指接收机）产生的噪声。外部干扰一般可以通过正确地设计和安装加以消除，而噪声（其中主要是内部噪声）是无法消除的，是影响信息传输质量的基本因素。

为了描述噪声对于各种信息传输系统性能的不良影响，或者反过来说，为了描述各种信息传输系统对于噪声的抵抗能力（即抗噪声性能），通常采用信噪比作为定量指标。所谓信噪比是有用信号强度同噪声强度之比的一个参数，在这里将采用系统输出端的信号平均功率与噪声平均功率之比，若采用它们之比的常用对数的 10 倍，即

$$10\lg\left(\frac{信号平均功率}{噪声平均功率}\right) \hspace{2cm} (4-2)$$

则其单位为分贝（dB），这个数值越大，噪声对有用信号的影响越小，通信质量就越高。

五、多路传输

在一个信道中传输多个信息，也即在发射端先把 n 个信号 $f_1(t)$、$f_2(t)$、$f_3(t)$、$\cdots$、$f_n(t)$ 混合在一起，然后在接收端又将它们一一分开，称为多路传输，或称多路复用。从数学的观点来看，多路传输的理论基础是函数的正交性，即凡是正交函数系，均可构成多路传输体制。目前，广泛应用的多路传输体制有频分制（FDM）、时分制（TDM）和码分制（CDM）。

第三节　水文信息的计算机网络

伴随着全国水文站网管理信息系统和全国防汛指挥系统等建设的开始，各水文站以及水库、水电站等水利管理部门首先面临着企业内部信息网的建设和与其他水信息网相互连接的繁重任务。如何根据不同部门的业务需求、经费投入、通信条件、人员和设备配置等具体情况，设计开发新一代、有统一技术标准和规范、能相互共享信息资源的水信息自动传送系统是当前面临的重大课题。

由于计算机技术和通信技术的飞跃发展，各类信息的收集、传送、存储和处理之间的差别在迅速地消失；在我国广阔的地理位置上分布有数以万计的水文站以及水库、水电站等水利管理部门等办公机构，大家都期望按一下键盘就能了解遥远地方的当时各类水信息和其他相关情况。各部门在信息收集、处理和发布能力提高的同时，对更复杂的信息处理手段的需求增长得更快。这样的需求进一步加大了计算机网络系统的应用。

一、计算机网络概念

计算机网络或计算机通信网是指互联起来的独立自主的计算机的集合。"互联"意味着相互连接的两台计算机能够互相交换信息。连接是物理的，由硬件实现。连接介质（有时也称为信息传输介质）可以是双绞线、同轴电缆或光纤等"有线"物质，也可以是激光、微波或卫星信道等"无线"物质。"互联"具有物理连接和计算机应用程序间信息交

换的两重性质，这种信息交换一般由软件实现，而互连一般仅指物理上的连接。

在上述定义中之所以强调入网计算机"独立自主"，是为了将计算机网络与主机加多台设备构成的主从式系统区别开。早期的计算机应用中，采用的是以大型机为中心的计算机模式，有时也称为分时共享模式。即系统使用功能强大的大型机，许多用户同时共享CPU资源和数据存储的功能，对用户采用严格的分时控制和广泛的系统管理、性能管理机制。这种模式主要是利用主机的能力来运行、采用无智能的终端对应用进行控制的，常称为无智能终端工作站。这种系统通常称之为多用户系统，而不是计算机网络。

随着计算机技术的发展，提供了将各计算机之间资源集成起来加以有效利用的通信手段，使计算机的资源通过网络得到延伸，典型的如文件和打印机资源等。因此，出现了以带有大型操作系统的主机（服务器）为中心的计算模式，也称为资源共享模式。这一模式向用户提供了灵活的服务，主要用于共享共同的应用、数据库以及打印机等。用户利用独立的小型计算机（工作站）为每个应用提供自己的用户界面，并对界面给予全面的控制，所有的用户查询或命令处理都在工作站方完成，这是由一台主控机加多台从属机构成的系统，是多机系统，也不是计算机网络。

进入 20 世纪 80 年代末期以来，计算机开始向小型化、网络化的方向迅速发展，使得用户桌面上的计算机处理能力达到了过去大型机的水平，存储容量和速度也得到了极大的提高。同时，计算机局域网和广域网技术更加完善，人们已经不满足上述的计算机资源共享的模式。在这种情况下，客户机/服务器的计算模式也就应运而生了。在这种模式下工作的系统是小型专用计算机网络。

在网络工作方式下，系统使用客户机和服务器两方的智能、资源和计算机能力来执行一个特定的任务，也就是说，负载由客户机和服务器双方共同承担。客户机需要服务器提供信息，服务器存储数据和程序，并向客户机提供全网范围的服务。客户机、服务器以及联系它们之间的通信系统共同组成了一个支持分布计算、分析和表示的系统。这种安排明显地把应用分成两个部分：前端客户应用和后端服务器应用，如图 4-9 所示，从而使现有的计算资源得到了充分的利用。

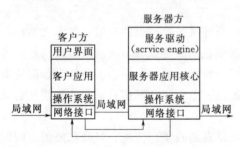

图 4-9　客户机/服务器模式示意图

客户机部分可以是网络中的微机或工作站。客户机、服务器的结构虽然减轻了客户计算机上的工作负担，但却增加了服务器上的工作负担，服务器部分趋向于采用比 PC 机文件服务器更大、更快的高速硬盘和更多的存储器，服务器也可以是小型机甚至是大型主机。

以网络方式工作时，由于客户计算机和服务器计算机相互协调工作，它们只传输必要的信息，与其他模式（分时共享模式和资源共享模式）相比具有许多优越性，表现在：

（1）减少了网络的流量，提高了传输效率。

（2）可以充分利用客户机（如微机）和服务器（如大型机）双方的能力，支持分布式应用环境。

（3）由于应用程序与其处理的数据相隔离，使数据具有独立性，可以较为容易地实现对数据操作的改变，更快地开发出新的应用。

（4）每个服务器可以支持更多的用户，易于实现多用户共享数据。

在小型网络中利用客户机/服务器方式可以通过按任务高度优化计算机资源来获得极高的性能，同时，灵活的结构确保了系统的扩充和升级。它是一种先进的计算模式，代表着今后的发展方向。

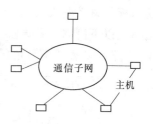

图 4-10 计算机网络的概念结构

在概念上，无论哪一种网络，我们总可以将它划分为两部分：主机和子网，如图 4-10 所示。主机是组成网络的独立自主的计算机，用于运行用户程序（即应用程序）。子网，严格地说，应当叫做通信子网，是将入网主机连接起来的实体。子网的任务是在入网主机之间传送数据分组，以提供通信服务，正如电话网络将话音从发送方传送至接收方一样。把网络中纯通信部分的子网与应用部分的主机分离，这是网络层次结构思想的重要体现，使得对整个网络的分析与设计大为简化。此处应当注意的是这种划分仅仅是功能上的，在网络模型中，子网的功能也包含在主机内。

计算机网络是计算机与通信技术相结合的产物，它的最主要目的在于提供不同计算机和用户之间的资源共享。换言之，在计算机网络中通信只是一种手段。应当注意的一点是，通信子网在小范围内常由计算机网络中的专用数据传输网络实现，但是在大范围内（城市、地区、国家等）则常需利用公用数据通信网构成通信子网，或利用 PSTN 的用户线构成上网的一段链路。从这一点出发，也可以认为电信网也是计算机网络的一个组成部分。

计算机网络也可以与各类电信网互联互通，使计算机网络的用户可以经电信网上网，甚至两个网络间的用户可以互通 IP 电话。或者 PSTM 两个用户可经计算机通信网络接通 IP 电话。IP 电话指利用互联网协议（Internet Protocal）进行的电话通信。

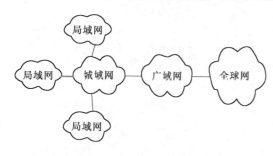

图 4-11 局域网、城域网、广域网和全球网间的相互配合

计算机网络根据它们的地理覆盖可以划分为局域网（LAN）、城域网（MAN）、广域网（WAN）和全球网（GAN）。它们之间的相互连接如图 4-11 所示。在各级网络中一般也包含交换、复用和传输设备，用于构成通信子网。网间连接链路与电信网的传输链路具有类似的构成方法，或者也可以由各类具有数据传送能力的电信网提供。

二、国家水利信息网络

1. 国家水利信息网络的组成

国家水利信息网络建设分为三个部分，即全国实时水情计算机广域网、全国防汛计算机网和中国水利信息网。

全国实时水情计算机广域网是连接全国水文系统的广域网络，它以传输实时水情信息为目标。该系统从 1994 年开始规划试点、到目前已建成了覆盖国家防汛抗旱、总指挥办公室（以下简称国家防总办公室）、七大流域机构、23 个重点防洪省（自治区、直辖市）、8 个工程局以及部分地市的全国性网络，并已全部投入正式运行。该网的建成和使用彻底

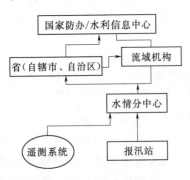

图 4-12　实时水情信息流程

改变了传统落后的电报工作方式，克服了水情电报"一报多发"和人工翻译的弊病。图 4-12 为实时水情信息流程，与国家防总办公室和水利信息中心（水利部水文局）相连的有 7 大流域机构、23 个重点防洪省（自治区、直辖市）的 224 个水情分中心和 3002 个中央报汛站。

全国防汛计算机网，是以 224 个水情分中心、196 个工情分中心和 267 个旱情分中心为基础的连接国家防总办公室、7 大流域机构和 31 个省（自治区、直辖市）防汛抗旱部门的计算机网络系统。它是以传输防汛信息为目标，实现防汛抗旱信息的自动交换和共享，连接全国防汛部门的广域网络，是国家防汛指挥系统工程的重要组成部分。

中国水利信息网是一个面向整个水利系统的综合信息网络，它是一个包含防汛、水利经济、水利科技、水资源、水质监测、水利教育及办公自动化等诸多信息的统一网络平台，是水利信息化的基础设施，是防汛抗旱、办公自动化、水文水资源、水利经济和科技教育等各种应用综合业务网络。

国家水利信息网络是一层次结构的网络系统，网络分为骨干网、地区网、园区网和部门网 4 个等级，如图 4-13 所示。

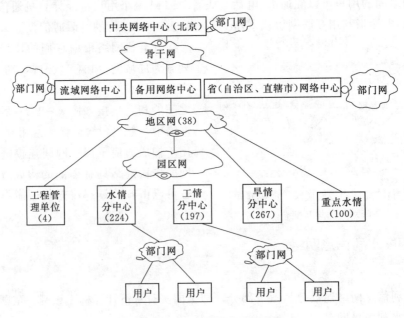

图 4-13　国家水利信息网络的组成

（1）骨干网：中央网络中心与备用网络中心、7 个流域机构、31 个省（自治区、直辖市）之间的互联网络。

（2）地区网：流域和省（自治区、直辖市）与所辖的 224 个水情分中心、196 个工情分中心、7 个重点工程管理单位、100 座大型水库之间以及流域和省（自治区、直辖市）之间的互联网络。

（3）园区网：同一城市异地办公的同级水文、防汛和抗旱部门之间、局域网无法实现连接的网络。

（4）部门网：中央、流域、省（自治区、直辖市）及国家水利信息网络系统设计范围内信息分中心的内部局域网。

2. 国家水利信息网络体系结构

国家水利信息网络互联网络体系结构采用目前广泛采用的工业标准 TCP/IP。

国家水利信息网络采用 Internet/Intranet 运行模式。

国家水利信息网络局域网内则可以用 TCP/IP、IPX/SPX、NetBEUI、DECNet 等协议作为通信协议。

3. 国家水利信息网络通信子网

国家水利信息网络骨干网和地区网可供选择的信道资源主要有：中国公用数字数据网（CHINADDN），中国公用分组交换网（CHINAPAC），中国帧中继网（CHINAFRN），公众电话网（PSTN），综合业务数据网（ISDN），防汛卫星网。通信子网的计算机网络物理结构如图 4 - 14 所示。

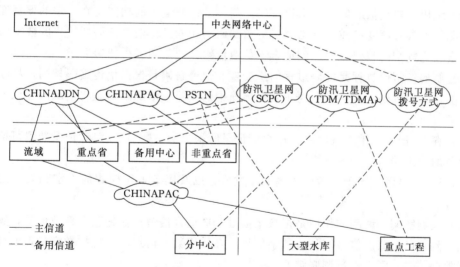

图 4 - 14 计算机网络物理结构

骨干网中，中央到各流域、重点防洪省（自治区、直辖市）、备用网络中心，采用 CHINADDN（或 CHINAFRN）为主信道，以防汛卫星网高速调制解调器（SCPC）为备用信道；中央到非重点防洪省（自治区、直辖市），采用 CHINAPAC 和 PSTN 为主备信道。

地区网中，中央到重点工程管理单位及水情分中心，采用 CHINAPAC 为主信道，以防汛卫星网的 TDM/TDMA 为备用信道；流域到重点工程管理单位，采用 CHINAPAC、PSTN 或迂回信道的组网方式；流域和省（自治区、直辖市）到水情分中心及工情分中心，采用 CHINAPAC 为主信道，迂回信道为备用信道；中央到大型水库，采用 PSTN 和防汛卫星网的拨号方式组网。

第四节　水文自动测报系统

一、系统的组成

水文自动测报系统属于应用遥测、通信、计算机技术，完成江河流域降水量、水位、流量、闸门开度等数据的实时采集、报送和处理的信息系统。

按水文自动测报系统规模和性质的不同可分为水文自动测报基本系统和水文自动测报网。水文自动测报基本系统由中心站（包括监测站）、遥测站、信道（包括中继站）组成。水文自动测报网是通过计算机的标准接口和各种信道，把若干个基本系统连接起来，组成进行数据交换的自动测报网络。

1. 设备组成

水文自动测报系统的设备主要由下列几部分组成。

（1）传感器。完成系统需采集的各种参数的原始测量，并将测量值变换成机械或电信号输出。

（2）编码。包括信源编码和信道编码。其中，信源编码的功能是在一定的保真度条件下，将测得的参数值变换成数字信号；信道编码的功能是将信源编码器输出的数字信号转换成符合一定规则的数码，以达到适合于信道传输，便于纠、检错等要求。

（3）解码。解码过程是编码过程的逆变换。信道解码是根据信道编码规则，将收到的信道码变换为信源码，并检查和纠正数据传输中的差错；信源解码是将信源码复原成测量的参数值。

（4）存储/记录。用于按时间顺序存储记录所采集的参数值。存储/记录装置可接在信源编码器的输出端口。

（5）键盘/显示。用于显示所采集的参数值，以及用于工作模式的设定和人工观测参数置入等。

（6）调制解调。调制的作用是把数字信号变成适合信道传输的已调载波信号，解调则是把接收到的已调载波信号恢复成数字信号。在使用数字信道时，应按数字信道的接口要求进行数据传输，无需进行调制解调。

（7）扩展通信口。作为终端和其他数字设备的接口，用于编程或数据下载、发送水情报文等。

（8）信道。包括传输电信号的媒质和通信设备。

（9）传输控制。对数据的发送和接收全过程进行时序和路径控制。

（10）差错控制。检查和纠正数据在传输过程中可能产生的差错。

（11）数据处理。包括对接收到的数据进行合理性检查、整理，并存入数据库，生成各种数据文件等。

（12）**数据输出**。数据显示、打印、报警和数据转发等。

水文自动测报系统的基本功能框图如图 4 - 15 所示。系统组成应由各实际系统的功能要求确定。

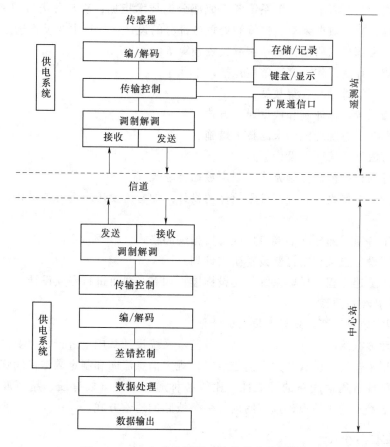

图 4 - 15　水文自动测报系统的基本功能框架

2. 站点功能

水文自动测报系统包含以下 4 类站点，各类站点有以下功能。

（1）**遥测站**。在遥测终端控制下，自动完成被测参数的采集，将取得的数据经预处理后存入存储器，并完成数据传输。遥测站的设备按照需要增加人工置数和超限主动加报等功能。

（2）**集合转发站**。在某些水文自动测报系统中，为组网需要，由集合转发站接收处理若干个遥测站的数据，再合并转发到中心站。

（3）**中继站**。用于沟通无线通信电路，以满足数据传输的要求。

（4）**中心站**。主要完成各站遥测数据的实时收集、存储以及数据处理任务，并负责将所收集的实时数据报送给上级和有关部门。在系统规模较大时，根据需要可以设置若干分中心站。

水文自动测报系统应能通过中心站与水文信息网相连，在网络支持下，实现信息共享。

二、系统设计任务和工作内容

水文自动测报系统的设计任务应按照项目建议书或可行性研究报告的要求，选择系统工作制式和通信组网方案；分配系统各组成部分的技术指标；确定各类接口的技术标准；规定数据流程，完成数据采集、传输和处理各部分的设计；进行主要设备选型；设计软件功能，制订配套部件的研制计划；编制投资预算等。

基本系统设计的工作内容通常应包括以下几个。

（1）进行现场查勘和收集数据。

（2）选择系统工作体制和数据通信方式。

（3）选择实现系统功能要求的技术措施。

（4）进行数据通信网的设计。

（5）论证和选择传输控制方式，制定数据传输规程。

（6）进行数据接收、处理、检索软件的设计。如有需要还应进行预报和调度作业的软件设计。

（7）规定各组成部分间的接口标准与数据编码格式。

（8）主要设备选型和制订新设备研制计划。

（9）提出土建工程、供电系统的建设标准，如有必要可进行专项设计。

（10）编制经费预算。

（11）拟定建设进度计划与人员培训计划。

水文自动测报网的设计，应在联网的各基本系统设计基础上进行，主要是选择网络结构，设计数据传输网，设计与选定通信线路，规定信息流向和制定数据传输规程。还应研究利用该地区现有通信线路的可能性，比较各种通信方式（如有线、超短波、微波、短波、卫星通信等）的优缺点，选定网内每一条线路的通信方式。

三、基本系统设计

1. 工作体制

根据功能要求和管理维护力量，以及电源、交通、信道质量等条件，遵照经济合理、便于维护的要求，选用自报式、查询-应答式或混合式工作体制。这三种体制的特点有以下几个。

（1）自报式。在遥感站设备控制下当（或在规定的时间间隔内）被测的水文参数发生一个规定的增减量变化时（如水位涨落 1cm），即自动向中心站发送一次数据，中心站的数据接收设备始终处于值守状态。

（2）查询-应答式。由中心站自动定时或随时呼叫遥测站，遥测站响应中心站的查询，实时采集水文数据并发送给中心站。定时自动巡测的时间间隔，可根据数据处理和预报作业的需要，在 15min 和 0.5h、1h、3h、6h、12h 等中选择。

（3）混合式。由自报式和查询-应答式两种遥测方式的遥测站组成的系统，称为混合式系统。

进行系统设计，应首先根据可行性研究报告规定的遥测站网布设方案和数据流向，通过分析选择通信方式和中继站位置，拟定数据传输网的组网方案。在基本系统中，超短波通信是数据传输的主要方式，但应充分利用已有通信线路（如邮电通信网、已设报汛电台）。整个系统可以用单一通信方式组网，也可以用几种通信方式混合组网。

2. 系统规模和主要技术指标

基本系统所包含的遥测站数一般不宜超过 50 个。如系统规模过大，可增设分中心或数据收集站，进行分级管理。

（1）数据传输信道误码率。根据所选通信方式规定数据传输信道误码率 P_e。主要通信方式的数据传输信道误码率可按表 4-2 确定。所选通信方式所允许的误码率最大值不能满足设计要求时，应重选通信方式，调整组网方案。

表 4-2 主要通信方式的数据传输信道误码率

信道	超短波	短波	微波、卫星	PSTN	GSM	DDN、ADSL、FI
P_e	$\leqslant 1 \times 10^{-4}$	$\leqslant 1 \times 10^{-3}$	$\leqslant 1 \times 10^{-6}$	$\leqslant 1 \times 10^{-5}$	$\leqslant 1 \times 10^{-5}$	$\leqslant 1 \times 10^{-6}$

注 PSTN 信道的误码率要求和数据传输速率有关。

数据传输速率应依据通信方式在下列范围内选择。所选通信方式的允许最高数据传输速率不能满足系统数据传输时间要求的，应重选通信方式，调整组网方案。

1）超短波信道的数据传输速率可根据系统要求的响应时间在 300bit/s、600bit/s、1200bit/s、2400bit/s、4800bit/s、9600bit/s 等中选择。

2）短波信道的数据传输速率可在 75bit/s、110bit/s、300bit/s、600bit/s、1200bit/s、2400bit/s 等中选择。

3）微波信道的数据传输速率可在 1.2kbit/s、2.4kbit/s、4.8kbit/s、9.6kbit/s、32kbit/s、64kbit/s 等中选择。

4）采用邮电公用通信信道的数据传输速率应根据系统使用要求选定。

5）不同卫星通信终端设备的数据传输速率有较大差异，可根据使用要求进行选择。

6）采用数字移动通信信道（GSM、GPRS 等）的数据传输速率可选用 9600bit/s。

所采用的信道和信道带宽要满足下列要求。

1）超短波信道应优先选用国家无线电管理部门分配给水文遥测系统建设的专用频率。

2）利用公用信道或其他信道时，应根据数据传输要求和信道特点确定传输速率和所需带宽。

3）在确定使用通信方式及其所需带宽时，应尽量提高通信资源的利用率，不宜过多采取专线专用方式。

（2）系统采集参数的精度。系统采集参数的精度，取决于传感器的分辨率和测量准确度，由数据传输、处理带来的误差应不影响数据精度。

1）雨量计。应选择分辨率为 0.1mm、0.2mm、0.5mm 或 1.0mm 的雨量计。较大降雨量时的误差应用自身实测降雨量与排水量相比较的相对误差检测，较小降雨量时用绝对误差检测。不同分辨率的雨量计测量精度应符合表 4-3 的规定，并达到三级精度要求。

表 4-3	雨量传感器的允许误差				单位：mm	
分辨率	自身排水量					
	≤10	>10	≤12.5	>12.5	≤25	>25
0.1，0.2	±0.4	±4%	—	—	—	—
0.5	—	—	±0.5	±4%	—	—
1.0	—	—	—	—	±1.0	±4%

2）水位计。应选择分辨率为 0.1cm 或 1.0cm 的水位计。在水位变幅不大于 10m 的情况下：当分辨率为 0.1cm 时，室内测试的最大允许误差应为 ±0.3cm；当分辨率为 1.0cm 时，95% 测点的允许误差不应超过 ±2cm，99% 测点的允许误差不应超过 ±3cm。

3）闸位计。分辨率为 1.0cm 时，其测量准确度和分辨率与分辨率为 1.0cm 的水位计相同。

（3）水文自动测报系统的可靠性。包含系统可靠性和设备可靠性两个指标，应符合下列要求。

1）系统可靠性。在规定条件下和规定的时间内，系统的可靠性由数据收集的月平均畅通率和数据处理作业的完成率来衡量。系统数据收集的月平均畅通率应达到平均 95% 以上的遥测站（重要控制站必须包括在内）能把数据准确送到中心站。数据处理作业的完成率 P 应大于 95%。

$$P=\frac{m}{N}\times100\%$$

式中：N 为按照设计要求完成的数据处理作业的次数；m 为在 N 次数据处理作业中，系统能按时按要求完成的作业次数。

2）系统通过网络向上传输数据的畅通率宜达到 99% 以上。遥测站、中继站和中心站设备的 MTBF 应不小于 6300h。

系统的工作环境、电源、防雷接地的设计应符合下列要求。

1）系统的设备应能在下列温度和湿度条件下正常运行：中心站，温度 5～40℃，相对湿度小于 90%（40℃）；遥测站、中继站，温度 -10～45℃，相对湿度小于 95%（40℃）。

2）系统的电源设计应按下列要求进行。

a. 中心站交流电源。单相 220V 或三相 380V 允许变幅为 ±10%，（50±1）Hz；中心站交流电源必须采取稳压、滤波等措施，保证电源电压值符合设备要求并抑制经交流电源引入的干扰，也可以配备不间断电源等，可提高供电系统的可靠性。

b. 中心站、中继站、遥测站直流电源。电压的要求为 12V 或 24V，允许变幅为 -10%～+20%，推荐使则 12V；为电池提供电流的能力应根据遥测站所配设备的工作电流要求确定。对于使用收发信机的站点，发射功率大于 5W 时，电池提供瞬时电流的能力应不小于 2A，发射功率达到 25W 等级时，电池提供瞬时电流的能力不小于 10A；容量的要求为全靠电池供电，应能保证设备连续工作 30d，用太阳能电池浮充供电，应保证设备能长期可靠工作。

3）应保证系统可靠运行，防止从天馈线、电源线、遥测设备与传感器间的信号线引入雷电损坏设备。在系统设计中应采取下列避雷措施：安装避雷针，避雷针的接地电阻应小于 10Ω；天线系统应根据具体情况安装合适的避雷装置；交流电源输入端可增加浪涌吸收器、隔离变压器或其他防雷装置。对于遥测站、中继站和中心站的通信控制机，应尽可能采用太阳能电池浮充供电，避免交流电源引雷。在雷电多发地区，交流电源输入端应采用可靠的电源避雷措施；室外电缆应采取良好的防雷措施，防止信号线引雷；交流电源接地、防雷接地和设备接地应各自单独引线接入地网；应用 PSTN 信道时，必须加装电话线避雷器。

四、系统联网

水文自动测报系统联网设计应根据网络规模、信息流程、信息量、节点间信息交换的频度和节点的地理位置等要求，选择联网信道和数据传输规程，实现与水文信息网的互联。联网设计应符合下列要求。

各水文自动测报系统中心站与水文信息网连接的网络通常为星形结构。联网通信设计可按以下要求进行。

（1）应优选已建的专用通信网和公用通信网等现有信道组网。新建联网信道，应在满足数据传输速率和可靠性的前提下，按所选网络结构选择通信方式，进行信道设计。

（2）联网信道应根据信息源的大小和速率要求选择带宽，并配置备用信道。

（3）联网信道的通信可以选样一种方式，也可以采用多种方式混合组网。

五、数据处理系统设计

数据处理系统应包括用来完成数据处理任务的应用软件和支持系统运行的软硬件、网络环境。

水文自动测报系统的数据处理应包括以下内容：①对本系统遥测数据和其他水文信息的接收；②对实时信息进行处理和数据入库；③建立相应的数据库系统，管理实时数据和支持系统运行的有关数据；④实时信息的转发；⑤根据系统的应用需求完成信息查询、数据的统计分析等。

数据处理系统设计，根据系统的功能要求，进行应用软件功能模块的划分，完成逻辑结构和数据流程设计；根据系统的规模选择适用的数据库管理系统并完成数据库系统的设计；根据遥测系统接收、发送数据和通信方式的要求，选择通信规程和接口标准，完成数据接收软件的设计；根据系统需要处理的信息种类，完成信息处理和入库软件的设计；根据有关标准和通信协议，完成信息交换软件的设计；完成信息查询和分析软件的设计；确定计算机系统的性能要求，拟定中心站计算机设备选型和外围设备的配置方案；系统安全设计。

数据处理系统应具有数据接收、数据处理、信息查询、数据转发、数据管理等功能。

在数据处理系统中还可以设置下列扩展功能：①建立和管理历史水文数据、基本数据库等；②进行水文预报作业以及防洪、供水、发电等水利调度方案的计算和优选；③通过接入 INTERNET/INTRANET 等方式，提供信息服务。

应依据系统规模和功能要求，以安全、可靠地实现各项功能为目标配置数据处理系统的硬件和网络设备。无论系统规模大小，都应有实现遥测数据接收、处理、入库，水情信息交换，信息查询和统计计算，以及硬拷贝输出等功能要求的相应设备。仅承担数据接收和转发任务的系统中心站，可不建局域网。

计算机操作系统和应用软件开发工具的选择，应符合下列要求。

（1）服务器的操作系统应选择稳定可靠、多用户、多任务的操作系统，提高系统的可靠性和可维护性。用于开发运行信息接收、处理、转发和查询等应用软件的操作系统，应选用性能优良可靠、被广为采用的操作系统。

（2）应用软件的开发可以根据需要，选择适宜的程序开发工具，提高系统的开放性、可靠性和可维护性。

（3）计算机局域网可以采用以太网、快速以太网、高速以太网协议和 TCP/IP 协议。

六、目前系统建设存在的问题

发展水文自动测报系统是今后水文测报的方向，这是无可非议的，但是也要看到其中的问题。

众所周知，水文自动测报系统建设费用（成本）是很大的。根据水利部水文局在1999 年出版的《全国水文自动测报系统建设评价》一书中的数据：从 1979 年至 1999 年 4月，全国已建和在建的水文自动测报系统达 482 处，由 843 个中心站（含分中心站）、1460 个水文站（含雨量及水位等参数）、1197 个水位站和 4612 个雨量站组成，总投资达6.18 亿元；其中属水利管理系统的有 394 处，占 81.8％；属水文系统的有 50 处，占10.4％；属电力系统的有 86 处，占 17.8％；从 2000 年开始，由国家防汛指挥系统工程建设项目办安排建设的 20 个示范区，中央和地方总投资为 7465 万元（其中中央投资4384 万元，地方配套 3081 万元，平均一个系统 370 多万元）。同期国家防总办公室又在全国进行 100 座水库自动化建设，项目中包括相当一部分的水文自动测报系统建设，总投资也是几千万元。从 2000 年开始，国家防汛指挥系统工程建设项目办又要在近 3 年时间内、在全国范围内完成覆盖 11 个省的水文自动测报系统，中央和地方总投资为 3 亿～4亿元。这里大家要注意一个事实，从 1997 年 4 月至 2000 年底期间全国范围内所进行的水文自动测报系统建设经费还没有参加上述的统计。

如此巨大的投资，没有相当的经济实力是难以办到的。这对一些经济发达地区可能问题不大，但对一些经济欠发达地区就很困难了。

另外系统建成以后，其运行费用也是很大的，据测算，一个系统的年运行费要占到建设费用的 3％～5％，系统建设期间是中央、地方共同投资，当系统建成以后，系统运行费用是由地方承担的，特别是在一些经济欠发达的省份，系统运行费在哪里？这是目前存在的并且许多人不愿意谈到的一个问题。

第五节　卫星数据采集与传输系统

自世界上第一颗人造地球卫星于 1957 年发射成功以后，各种不同用途的卫星普遍进入业务实际应用阶段。除军事侦察卫星外、从卫星的主要业务来划分，有陆地卫星、海洋卫星和气象卫星三大系列。前两种卫星主要用于全球资源和环境调查，后一种卫星主要用于收集全球或局部地区的气象资料。各种卫星系列均有星载数据收集装置（DCS），接收分散在各地的无人管理的数据收集平台（DCP）所采集的资料，以卫星为中继站，及时转发给地面接收站。此外，通信卫星是专门用于通信的，也是卫星采集与传输系统的一种形式。

卫星数据采集与传输系统，实质上是用卫星代替水文遥测系统中的地面中继站，来实现远距离传输与通信。因为超短波的工作频率一般在 300MHz 以上，包括微波在内，它们只能靠直射波在视线距离范围内传播。要进行远距离通信，需要设立中继站，以"接力"方式传输信息。但是，随着通信距离的增加，所需中继站的数目也随之增加。这样将带来许多问题，除大大增加通信设备外，还会使传输质量下降。如果将中继站的通信设备移到卫星上去，就相当于把中继站的天线架高，增加了视线距离的范围。因而，可以经过卫星中继进行远距离通信，也即利用卫星作中继站。

卫星上都装有数据转发器和平台定位系统，它能收集和转发观测平台所采集的水文信息，也可以收集和转发其他信息。卫星数据收集系统（Data Collection System，DCS）即是一个遥测系统，它用一个或几个地球轨道上的卫星把来自观测站网所采集的数据和信息传输给一个或多个地面接收站。观测站网称之为数据收集平台（Data Collection Platform，DCP）。因此，卫星数据采集与传输系统由三部分组成，即数据收集平台（DCP）、数据中继卫星、地面站（Land Earth Station，LES）及用户站。

一、数据收集平台（DCP）

该平台即遥测站，是一种计算机化、模块化、多功能数据采集系统，能接收数字或模拟信息信号输入，便与多种传感器接口。它的运行功耗低，可以用普通电池或太阳能电池工作。DCP 的体积一般在 $0.02\sim0.05m^3$，且带有坚固的外壳，以保护其内部仪器不受周围环境及人类活动的影响，便于安装在任何人迹可到达的固定或移动的测点上，在任何天气情况下都能顺利进行工作。只要是传感器允许，可长期无人值守地连续运行。根据功能，DCP 可分为以下四种类型。

1. 综合型平台

这种平台功能最全，可以自动收集水文、气象信息，并定时或由变量控制向中继卫星播发水文、气象实时信息，也能接收中继卫星的询问，还可以要求紧急发报告警、拍发电报、自动打印和记录。与其他类型平台相比，这种平台结构复杂，造价昂贵。但因其功能齐全，比较适用于有稳定市电供应的、有人管理的重点水情站和大中型气象站。

2. 定时型平台

定时型平台即自报式平台，可以自动收集水文、气象信息，定时向中继卫星播发。因其功耗低，可以用普通电池或太阳能电池供电。这种平台结构简单，便于安装，价格低廉，无需人值守，适用于边远地区及交通不便、人烟稀少的地区。

3. 询问型平台

询问型平台除有定时型平台的功能外，还能被巡测、遥测。但没有综合型平台紧急发报告警、自动打印记录、拍发电报等功能。因其价格适中，适用于水文、气象上的敏感地区，如重要的水情站、台风暴雨形成区、重要设施和工程地段（如大型水电站、内陆铁路沿线）等。

4. 活动型平台

前面三种平台为固定地点的平台，而活动型平台适用于水文勘测、水文调查、巡回测量和其他移动式观测；也适用于气象上的船舶站、浮标站。它可以是定时型的，也可以是询问型的或综合型的。这种类型的平台天线设计要求较高。

二、数据中继卫星

数据中继卫星有极轨卫星和地球静止卫星两种。

1. 极轨卫星

卫星飞行轨道与地球赤道平面之间夹角（倾角）近似为 90°，轨道高度 500～1000km，因其轨道通过地球南北两极，故称为极轨卫星，有时也称为太阳同步卫星（卫星经过各地，当地的地方时间相同）。目前实施的阿高斯（ARGOS）系统即是一个极轨卫星进行环境信息采集、传输和处理的系统，该系统主要用于水文、气象、海洋、森林等部门的环境研究，进行地面或海洋目标信息的自动收集、跟踪走位和处理。ARGOS 系统由 NOAA 卫星、数招收集平台和地面接收、处理中心三部分组成。

（1）运行于通过地球两极上空圆形轨道上的两颗 NOAA 卫星，目前是 NOAA13、NOAA14，运行周期 101min，轨道高度 850km，与太阳同步，并保证一颗位于北极时，另一颗在南极，卫星绕地球一周，轨道通过地而轨迹偏西移动约 25°，并形成 5000km 的一个带状区。一日之内可多次看到"卫星"，次数与纬度有关，一般赤道地区 6～8 次，30°地区 8～12 次，60°地区 10～12 次。卫星上的数据收集系统（DCS）将分布在各地的 DCP 水文气象等数据收集并转发给地面站（LES）。其上行频率为 401.650MHz，下行频率分别为 136.77MHz 和 137.77MHz。其工作方式有三种：①随机通信系统，数据收集平台按几分钟固定时间间隔连续不断地向空中发射"数据群"，当极轨卫星进入 DCP 范围之内时，接收其数据并转发给地面站；②定时通信系统，按规定之时间发射，此时卫星必须经过 DCP 上空，完成中继任务；③询问通信系统，当卫星位于 DCP 上空时，发出询问信号，由 DCP 将数据发射给卫星中转。

（2）分布在全球范围的数据收集平台（DCP）。

（3）在法国图鲁兹（TOULOUSE）的地面接收、处理中心和在美国的分中心。

2. 静止卫星

静止卫星也称地球同步卫星或同步静止卫星，它的飞行轨道平面为地球赤道平面，轨道高度 36000km，每绕地球飞行一周为 24 小时。这样，卫星在赤道平面上绕地球飞行的角速度和地球自转角速度正好相等，在地球上任何一点看同步卫星，都好像是"静止不动的"，因此称它为地球同步卫星或静止卫星。在地球上 40% 的地区可以同时"看到"同一颗静止卫星，因此，只需用一颗静止卫星即可覆盖我国全部领土。若在地球赤道平面上每隔 120°放置一颗静止卫星，三颗静止卫星就可以覆盖除两北极以外的整个地球表面。目前，美国的 GOES 卫星系统组成了一个卫星数据收集系统，有三颗静止卫星 GOES - 4（位于西经 75°）、GOES - 5（位于西经 135°）、GOES - 6（位于西经 105°）在执行遥感和数据采集传输任务。此外欧共体的 Meteosat 和日本的 GMS - 5 也在执行数据收集任务，特别是气象业务。这些静止卫星还执行着大量的通信业务。

3. 卫星通信系统

通信系统是卫星的主体，也称为空间转发器，其作用是接收、放大信号并再次发射，因此实际上是一部高灵敏度的宽频带收、发设备。对它的主要要求是，工作可靠、稳定。能以最小的附加噪声和失真来放大并转发输入信号；同时，如果转发的输入信号和输出信号工作在同一频段，那么上行频率和下行频率就应取不同的数值，以便达到足够的隔离，为此还需要在转发器内进行频率转换。通常，转发器有两种频率变换方法，即单变频和双变频。至于选用哪一种，除与上行和下行频率有关外，还与从输入到输出所需的功率增益及带宽有关。如果输入信号的频率都很高，而所需频带较窄，则可选用双变频转换器；如果带宽较宽，则可采用单变频转换器。有时转发器还包括信号处理器在内，在这种情况下，需要先将上行信号解调，并根据需要对解调所得到的基带信号进行一定的处理，然后再把它调制到下行载波上。这样做可以提高抗干扰能力，这种转发器又称"处理转发器"。根据系统设计的要求，卫星上的通信系统可以具有一个或多个通道，用以接收一个或同时接收多个不同载波频率的信号。

卫星上除了通信系统外，为了掌握星内各种设备的工作情况，卫星上还应装备测量各种参数并把数据传送到地面的遥测设备，通过遥控信号控制星上某些部件动作的指令系统和控制系统，以及电源系统等。因此，卫星上有通信系统、天线系统、遥测指令系统、控制系统和电源系统等装置。

三、地面站及用户站

地面站（LES）也称中心地面站，它具有综合性功能、除接收 DCP 数据外，还接收、发送其他信息，如测距信息、卫星工程系统的遥测信息等卫星运行的各种参数和控制等信息。LES 还是一个数据处理中心，将处理好的数据再由卫星转发给用户，或将处理好的数据直接为用户提供服务等。

用户站实际为一个特定地区（如流域）的用户中心，只负责收集本地区内各 DCP 的数据，并能向 DCP 发送询问指令，也可接收中心地面站转发的有关数据；有的还可以经过卫星中继与 LES 交换其他信息。

第六节　雷达测雨及雷达-水情自动测报综合系统

雷达是微波遥感的一种类型，它向空间发射电磁波，并检测经目标散射返回的回波，以识别目标的位置和运动状态，又称主动遥感。微波遥感的另一种类型称为被动遥感，它的工作是靠微波辐射计接收物体本身发射的电磁波，又称为自然微波遥感。雷达探测降水的思想早在 1941 年就已提出，在以后的十几年中发展很快，1959 年 L. J. 巴坦（Battan）在芝加哥提出雷达气象学，介绍了这时期雷达气象学的进展和研究成果。现在，世界各国都先后建立了雷达气象观测系统，并在气象雷达中采用了信号处理、微计算机、图像和数字显示等先进技术，使它在气象预报工作方面真正有了实用价值，成为降水量测定和降水预报的有力工具。

我国长期以来都是依靠地面雨量计网来测定和计算区域降水量，而目前国内水情自动测报系统的雨量站间布网距离一般都很大，特别在降雨不均匀时，不能反映降雨强度的分布和演变情况，因此仅用此法不能准确计算出区域雨量。雷达测网的定量精度虽然不够高，但对大范围测报区间可实时提供时、空连续变化的降雨资料，尤其对雨强分布和区域降雨量的估计及暴雨预报等方面均能起到重要作用。如将自动测报系统的雨量站点和气象雷达组成联合系统，用少量自动测报雨量站点测得的雨量值对雷达测前进行订正，反过来用雷达测雨值来补正测区的面雨量值，这样互为校补可达到比较完美的程度。

一、气象雷达工作原理

雷达的工作原理就是利用微波的反射现象来对目标进行探测。如利用微波的方向性，可以测量目标的方位角和高低角；利用微波的速度，可以测量目标的距离；利用多普勒效应，可以测量目标的运动速度等。

图 4-16 为雷达工作原理示意图。发射机通过天线发射射频电磁能（发射脉冲），当电磁能被目标阻截时，一部分能量被反射回到天线（称脉冲回波），被接收机接收并放大，由记录器记录显示。接收到的信号的强弱，反映了目标本身的特性，而电磁波在雷达与目标之间传播所需要的时间，则反映了目标的相对位置，从而实现了目标的探测和定位。

在大多数雷达中，发射都采用持续时间极短（如 $1\mu m$）的无线电脉冲，这种脉冲的发射频率叫"脉冲重复频率"。雷达的最大探测距离 D 等于两个脉冲之间的时间间隔 Δt 乘上光速 C，即

$$D=\frac{1}{2}\Delta tC \qquad\qquad (4-3)$$

式中：$C=3\times10^{10}\,\mathrm{cm/s}$。

但是，在这个距离内的目标物也只有当它们能散射回足够大的功率时，才能被雷达探测到。

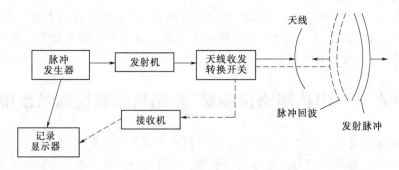

图 4-16　雷达工作原理示意图

雷达波像手电筒的光束一样，可将它聚成一个很窄的波束，从而具有方向性。从图 4-17中可以看出，自雷达站 O 向目标 K 发射的雷达波，由于它具有方向性，所以雷达波束 OK 与它在水平面上的投影 OM 之间的夹角就可以确定，这就是高低角（$\angle KOM$）；同时，不难看出，投影线 OM 与标准方向（正北方间）线 ON 的夹角也可以确定，这就是

方位角（$\angle NOM$）。有了目标的方位角和高低角，就可以确定目标 K 的空间方位了。

有了目标的距离和空间方位，就可以确定目标的空间位置了。

对于运动的目标，当雷达发射的电磁波被有径向运动的目标散射形成回波由雷达天线接收时，接收频率相对于发射频率发生了变化，即产生了频移，称之为多普勒频移，相应这种现象称之为多普勒效应。多普勒雷达的理论基

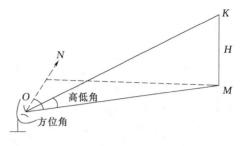

图 4-17 雷达定位示意图

础是多普勒效应，它可以测出多普勒频移 f_D，如果雷达波长用 λ 表示，就可由下式确定目标的径向速度 v_r：

$$f_D = \frac{2v_r}{\lambda} \tag{4-4}$$

当目标朝雷达方向运动时（即 $v_r > 0$ 时），则回波频率大于发射频率（即 $f_D > 0$）。反之，当目标逆雷达方向运动时，则回波频率小于发射顺率。当目标移动方向不在波束方向上时，径向速度 v_r 与目标真实速度 v 的关系为

$$v_r = v\cos\theta \tag{4-5}$$

式中：θ 为目标运动方向与波束方向的夹角。

因此，只要能测出多普勒频移 f_D，就可以确定目标相对雷达的运动速度和方向。

气象雷达的工作频率一般在微波波段，下分 Ka（波长 0.8～1.1cm）、K（波长 1.1～1.7cm）、Ku（波长 1.7～2.4cm）、X（波长 2.4～3.8cm）、C（波长 3.8～7.5cm）、S（波长 7.5～15.0cm）、L（波长 15.0～30.0cm）、P（波长 30.0～100.0cm）等多个波段。雷达的探测能力与波长有密切关系，一般来说，需要探测的微粒越小，所需的波长越短。例如，S 波段的雷达通常只能探测雨滴，而探测不出比雨滴小的云滴；但是，K 波段的雷达就能探测到许多不含降水的云滴。雷达测雨主要用于探测大范围的降水量，可以适当选择波长使其后向散射的能量大一些，以便估算降水量的大小。一般测雨雷达选用 3.2cm、5.2cm 和 10.0cm 波长的雷达，主要视雨滴的大小而定。此外，雷达的探测范围也有一定的限制，一般对于出现在半径为 200km 范围内的降水可以进行很好的探测；对于发展比较旺盛的对流性降水，雷达的有效探测范围可以扩展到 300km 或更远一些。

气象雷达是一种景象雷达，一般采用极坐标的形式显示云雨目标的位置。这种显示方式常将雷达测站的位置置于荧光屏的中心，目标物则根据其相对于雷达的方位角（或仰角）和距离显示在相应位置上。

气象雷达的显示器有三种基本形式，即 A/R 型显示器，PPI 型显示器和 RHI 型显示器。A/R 距离显示器是显示目标回波沿距离方向的分布情况。PPI 平面位置显示器是显示目标回波在某一高度的水平面上的分布情况、RHI 距离高度显示器显示目标回波在某一方位的垂直平面上的分布情况。这些显示器都是属于模拟方式定性显示，如图 4-18 所示。

雷达回波的分层显示器和数字显示方法是近期发展起来的。分层显示器不但能显示出

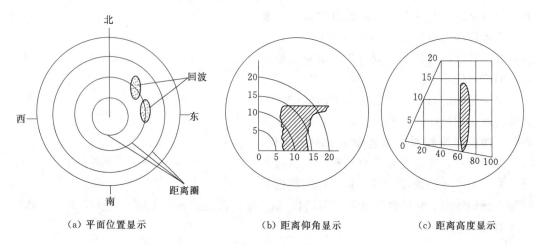

（a）平面位置显示　　　　　　（b）距离仰角显示　　　　　　（c）距离高度显示

图 4-18　气象雷达常用的三种显示方式

目标回波的分布情况，而且还能按回波强度分成不同等级（按显示颜色或黑白亮度分层），已具有一定的数量概念。数字显示方法是数字技术和计算机在雷达终端显示器上的应用，能将雷达回波信息在各式显示器上以数字、字母或符号等形式给以清晰显示。

二、雷达定量测雨

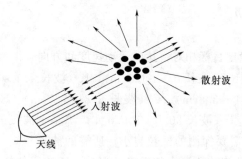

图 4-19　云、雨水滴对雷达波的散射

雷达波遇到云、雨层中的水滴时产生散射，由散射形成的向后散射称为雷达回波，如图 4-19所示。雷达回波能量除与雷达系统本身的参数直接相关外，与目标物的颗粒形状、粒子大小、粒子数量、粒子取向以及回波路程和路程中的大气状况等性质有关。

水滴后向散射的雷达功率（或称雷达回波能量），与雷达波束照射的大气单位体积内粒径的（D_i^6）成正比。这些水滴的反射率被称为雷达反射率因子（Z），定义为

$$Z = \sum N_i D_i^6 = \int_0^\infty N(D) D^6 \mathrm{d}D \tag{4-6}$$

式中：N_i 为每单位大气体积内粒径为 D_i 的水滴数目；$N(D)$ 是每单位体积内粒径在 D 和 $D+\mathrm{d}D$ 之间的水滴数目。

假定垂直大气的运动不存在，降水率 I 与 D 有下述关系：

$$I = \frac{\pi}{6} \int_0^\infty N(D) D^3 V_i(D) \mathrm{d}D \tag{4-7}$$

式中，V_i 是直径为 D 的水滴的最终速度（cm/s）。它可以近似表示为

$$V_i = 1400 D^{1/2} \tag{4-8}$$

由此可得

$$Z = A I^b \tag{4-9}$$

这是雷达反射率因子 Z（量度单位为 $\mathrm{mm}^6/\mathrm{m}^3$）和降水率 I（量度单位为 mm/h）之间的

一种关系。式中的系数 A 和指数 b 是由经验推导出来的、随降水类型和地理位置的不同而不同，一般取：

连续性降水：$Z = 200 I^{1.6}$；

对流性降水：$Z = 31 I^{1.71}$；

地形雨：$Z = 486 I^{1.37}$；

降雪或降雹：$Z = 2000 I^{2.0}$。

必须指出，由于水滴大小的分布很少知道，且随时间和空间而变化，又因为垂直空气的运动存在，并与雨滴的最终速度有同样的量级，所以 Z-I 的关系不是唯一的，而必须利用平均的关系。因此，Z-I 关系中的系数 A 和指数 b，是通过若干年资料推导出来的经验平均值。同时，Z-I 关系同地理位置有密切关系，图 4-20 乃是美国 Z-I 地理变化关系图，它反映了美国 Z-I 关系的共性和差异性。

为了确定降水率 I，必须先确定雷达反射率因子 Z。下面介绍雷达方程，它将平均后向散射功率同雷达反射率因子 Z 联系起来，由 Probert-Jones 提出的雷达方程具有如下形式：

$$\overline{P}_r = \left[\frac{\pi^3 P_i G^2 \theta^2 h}{512 (2\ln 2) \lambda^2} \right] \frac{|K|^2 Z}{r^2}$$

$$(4-10)$$

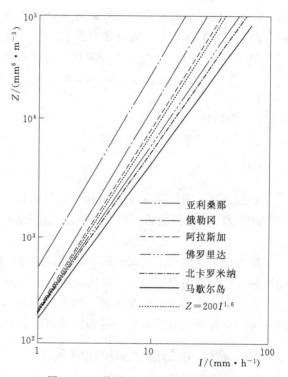

图 4-20　美国 Z-I 地理变化关系图

式中：P_i 为发射机在工作期间的发射功率，kW 或 MW；r 为目标离雷达的距离，km；G 为天线增益因子；θ 为天线波束宽度（度或弧度）；h 为空间脉冲长度，长度 cm 或时间 μs；λ 为雷达波长，cm；Z 为雷达反射率因子，mm^6/m^3；$|K|^2$ 为介电因子；$\overline{P}_r$ 为返回雷达天线的功率，也即后向散射功率，MW。

对于任何雷达，方程（4-10）括号内的项是常数，若用 C 表示，雷达方程又可写成

$$\overline{P}_r = \frac{C |K|^2}{r^2} Z \qquad\qquad (4-11)$$

比如，对于一个典型的气象雷达，其括号内参数和数值是：$P_i = 2.5 \times 10^8 \, MW$，$G = 4571$，$\theta = 0.0349$ 弧度，$h = 6 \times 10^4 \, cm$，$\lambda = 5.45 cm$，则可以计算出常数 $C = 5.613 \times 10^{14} \, MW/cm$，由于因次相等的要求，有时要将单位 MW/cm 换算成 $MW km^2 m^3 mm^{-6}$，$C = 5.613 \times 10^{-8} \, MW km^2 m^3 mm^{-6}$。

如果降水的形式是雨，也即介质为液态水，介电因子 $|K|^2 = 0.93$，则有

$$\overline{P}_r = \frac{5.63 \times 10^{-8}(0.93)Z}{r^2} \tag{4-12}$$

根据接收机接收的平均功率$\overline{P}_r$和雨区距雷达的距离r，就可以用式（4-12）计算雷达反射率因子Z。

在计算雷达探测区域降水量时，首先，按实际需要确定测量时段T和观测间隔Δt，并按一定格距将测区分为很多小网格，然后，再按雷达方程计算距离为r的点上对应回波功率的各个网格的加权后的回波反射率因子Z的平均值，选用合适的$Z-I$关系，计算出相应各个网格的降水率（或称降水强度）I。

若网格面积均取为Δs，则全测区的降雨通量为

$$I_s = \sum_{i=1}^{n} I_i \Delta s \tag{4-13}$$

式中：n为网格个数。

Δt时段内全测区的总降雨量为

$$H = I_s \Delta t = \Delta t \Delta s \sum_{i=1}^{n} I_i \tag{4-14}$$

显然，整个测量时段T内全区域总降雨量为累加和。

对于第i个网格上若干时段的降雨总量则为

$$H_i = \Delta s_i \sum I_j \Delta t_j \quad (j=1、2、\cdots、m，m \text{为时段个数}) \tag{4-15}$$

按照每个网格在某时间间隔中的降雨量可以绘制该间隔内区域降雨量分布网。根据每个网格的时段降雨量可以绘制测区的降雨量等值线图。

为了提供实时雷达探测资料，将雷达与计算机联网，实现数字化雷达自动化处理系统，为快速实时完成区域降雨量的测量和处理创造了条件。

三、雷达-水情自动测报组合系统

单个雷达测雨精度不够高的缺陷，可利用少量水情自动测报站点雨量测值给以校正和弥补。因此，组成雷达-水情自动测报组合系统，对提高测报精度十分有利。同时，在这种组合系统中，可利用计算机快速计算技术，由雷达实测Z值和雨量计实测I值建立最优化的$Z-I$关系，进而提高雷达测雨本身的精度。

在这种组合系统中，有可能将雷达探测的结果造型成雨量计测定结果，并保持雷达探测具有的时空连续变化的特点。

组合系统的校正方法有平均校准法、空间校准法、变分校准法等。

第五章 水文信息管理

水文信息采集后，通常由数据库管理系统对其进行管理。要实现全国水文信息的统一管理，就必须建立全国水文信息管理系统，其中的数据库应是分布式空间数据库。包括水文信息管理系统在内的水文信息系统，是集水文信息采集、传输、处理、存储、查询、发布等为一体的综合信息系统。水文信息采集系统的建设目标是要采用先进的仪器和设备，摆脱人工操作，实现长期自记，固态存储，普及数字化技术，大大提高采集的时效性和可靠性；采用计算机网络，实现全国水文站网包括所有的水文自动测报系统、各地水文信息中心及全国水文信息中心的互联互通。同时，各水文信息收集部门（即有关水文站、测报中心、信息中心等）要及时对水文信息进行分析、计算与处理，并对相应成果进行存储与发布。此外，水文信息系统还应对全国水文站网具有管理功能，以提高水文站网系统的经济效益和社会效益。

第一节 水文数据库管理系统

水文数据时间性强，数据种类繁多，数据的输入、输出量巨大，数据的加工、处理工作十分复杂。为了提高效率，实现科学化、规范化、现代化管理，就必须建立一个高效、合理、实用、完整的水文数据库管理系统。

一、数据库系统的基本概念

数据库系统是由三部分组成的，即用户应用程序、数据库管理系统（DBMS）以及存储在外存储设备上的各种数据资源的数据库，如图 5-1 所示。由图可知，存放在数据库中的数据，并不是由个别的具体应用程序来控制，而是直接由 DBMS 进行监督、管理、操作和使用。所有的应用程序都可以随意取用数据库中的任何数据，而不必重新建立自己的数据文件，实现数据资源共享。应用程序与数据之间的存取彼此独立，

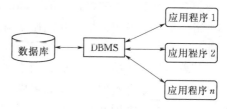

图 5-1 数据库系统组成图

当数据结构发生变化时，用户不必修改原有的应用程序。当有新的数据加入数据库，或从数据库中清除某些数据时，操作也十分方便。

所谓数据库（Data Base，DB），顾名思义，即存放数据的仓库，它是许多具有相互关系的各种数据汇集在一起，并以固定的方式予以编排存放，从而形成科学化的一个数据集合。所谓仓库，是指计算机系统中的外存储设备，如软磁盘、硬磁盘、磁带、光盘等，所有存储在其上的数据必须通过显示器或打印机才能看见。

数据库是由若干个文件组成的，而文件则是由同类记录组成的信息集合，其中每条记录则是文件的存取最小单位。记录是由若干个相互关联的数据项组成。数据项有时称为域（Field）、字段、元素（Data Element）、基本项（Elementary），它是数据库中可进行处理的最小单位。例如，某一流域，其历史水文资料可按水文站、不同类别（水位、流量、降雨、蒸发等）形成数据文件，众多的文件就构成了该流域的数据库。

数据库管理系统（Data Base Management System，DBMS）担负着对数据库中的数据资源进行统一管理的任务，并且负责执行用户发出的各种请求命令。用户不能直接和存储的数据资源打交道，只能通过 DBMS 来实现对数据库进行各种数据操作。DBMS 在这里实际上起着一种隔离作用，这是为获得较大的数据独立性所必需的。

用户的应用程序都是按照用户的实际需要编写的，编程语言通常用 COBOL、FORTRAN、C 等高级语言或由 DBMS 提供的自备编程语言。

数据库系统（Date Base System，DBS）是指大量经过加工处理并存储在数据库的数据，由 DBMS 管理，为多个不同的用户共同使用的数据处理系统。DBS 除包括 DB 与DBMS 外，还包括存放数据的存储介质及设备和 DBS 管理人员。

数据库中的数据之间的联系，主要通过数据库模型（Data Base Model）来实现。数据一般具有两种描述功能，即数据内容的描述功能和数据之间联系的描述功能。目前常用的数据模型有三类，即层次模型（Hierarchical Model）、网络模型（Network Model）和关系模型（Relationl Model）。其中关系模型具有简单灵活、数据独立性高、理论严格等优点，一般认为是比较有发展前途的一种数据库模型，如目前较为流行的 Oracle、INFORMIX、Sybase、IBM—DB2、SQL Server 等都是著名的关系数据库管理系统。

数据库语言（Data Base Language）由数据定义语言（Data Description Language，DDL）和数据操纵语言（Data Manpulation Language，DML）组成，它为用户提供了交互式使用数据库的方法。DDL 用来描述和定义数据的各种特征，用户通过使用 DDL 可将数据库的结构以及数据的特性通知给相应的 DBMS，从而生成存储数据的框架，用来定义数据库的模式。DML 可以对数据库的数据进行检索、插入、修改和删除等基本操作，它分两类，一类是嵌入主语言中的，如嵌入 COBOL、C 等高级语言中，本身不能独立使用，称为宿主型的；另一类是交互式命令语言，语法简单，可以独立使用，称为自主型或自含型的。

随着信息产业的迅猛发展，网络、多媒体、因特网等技术的成熟和发展，大众对数据库产品提出了更多新的要求。数据库系统的定义没有变，而数据的概念有了很大的扩展。现在人们要求数据库系统不仅要能处理以前的简单数据类型，还要能处理包括声音、图形、图像等信息。应用领域提出的新需求，促进了数据库技术的进一步发展和完善，并发控制、分布式计算、移动计算、Web 技术等融入数据库领域，使数据库技术研究更加深入。目前最具代表性的技术是客户/服务器（C/S）和浏览器/服务器（B/S）技术，特别是面向对象技术的发展给人们解决问题增加了新的思路和技术。

新一代数据库系统有对象关系型及纯对象型之分，它们各有长处及应用领域，现在的数据库实质上是"簇"式产品系列。数据库与别的技术结合而产生诸如面向对象数据库、分布式数据库、并行数据库、多媒体数据库等。数据库也可按不同领域来划分，如应用于地理的就是空间数据库，应用于工程的就是工程数据库，应用于水文的就是水文数据库。需要说明的是，现在所说的数据库已不仅仅是指其核心技术，即 DBMS 部分，同时也包括服务器及客户端的各种开发工具和中间控件。

二、水文数据库设计开发要求

（一）水文数据的特点

（1）水文数据实时性强，比如在汛期常常需要实时的水情信息。

（2）水文数据量大，仅就一个水文站而言，几十年的各种水文资料，数以亿计。

（3）水文数据种类繁多，按类别分，就有水位、流量、流速、含沙量、输沙率、雨量、蒸发量、水质等；按时序分，有瞬时、逐时及各时段、日、旬、月、季、年、多年等统计数据；按数据来源分，有实测、查图表、计算、统计、预测等。

（4）水文数据连续性、时序性强，这些数据大部分是按时间序列观测、统计、计算、搜集、整理、保存的。

（5）水文数据规律性、周期性强，无论是长系列多年，还是短系列年内、月内、周内都要有一定的周期性，有规律可查。

（6）水文数据相关性强，站与站之间，同数据项各个时段之间，水文数据与各种气象因子（太阳黑子、海温、大气环流等）之间存在着各种相关。

（7）水文数据具有复杂性和不确定性，每一种水文数据都具有多重影响因素，各因素影响物理机构机制常常不明确。

（8）由于种种原因，水文数据也存在大量的质量问题，如缺测、遗失、系统误差、主观误差等。

（二）水文数据库应符合水文数据的要求

根据水文数据的特点，水文数据库必须保证水文数据的完整性、独立性、共享性、安全些、规范性和统一性等。

1. 保证水文数据的完整性

水文数据是人们对水文现象描述的记录，是有关部门应用的基础。水文数据的时间性较强，种类繁多，输入、输出量巨大，是十分繁杂易错的工作，对其加工、处理、管理工作也十分复杂。因此，数据库首先要保证水文数据的完整性，即：①保证数据种类的齐全；②保证数据量的齐全；③保证数据的正确性；④保证数据各种处理功能齐全。

2. 保证数据的独立性

数据的独立性意味着用户的应用程序和数据库数据资源彼此分开，同时数据独立性分为物理独立性（即物理介质及设备发生变化时，应用程序不变）和逻辑独立性（即数据库逻辑结构发生变化时，应用程序不变；反之，应用程序变化时，数据库结构不变）。

3. 保证数据的共享性

保证不同用户能同时使用，存取同一数据；应适合未来新的应用；可用多种语言访问数据库。

4. 保证数据的安全性和保密性

通过对数据存取的控制，对数据采取并发控制，建立一套可行的管理机制，以保证数据的安全性和保密性。同时，保证数据的正确性、合理性及相容性，对数据能进行修改、扩充，保证故障的发现和修复。

5. 保证运行的效率

由于有关部门工作时间性较强，所以对于应用频率高，时间性强，整理繁琐的数据在库中进行特殊处理时，应保证较短的响应时间，以确保运行效率。在保证运行效率的同时，应注意尽可能减少数据冗余度。

6. 保证数据的规范性和统一性

从目前的发展趋势来看，各部门内部，甚至部门之间必然形成以分布式数据库为核心的、全国或地区的网络管理系统。为适应今后的发展，根据水文数据的特殊性，水文数据库的数据结构、标识符、关键字、编码、编号等，必须形成规范，依标准统一设定。

（三）水文数据库应具备的基本功能

水文数据库要包括数据字典、表结构、数据本体及数据库管理。数据库管理应具有较强的增加、删除和查询功能。如果建立模型库，其结构应包括模型本体库、模型字典和内部参数库，模型库管理系统等。

数据库要能提供数字、文字、图形、图像等信息。数据部分主要包括水文站网的原始观测资料，如水位、流量、雨量、蒸发量、含沙量等，以及通过处理的整编成果数据。文字部分包括测站考证，如测站的变动、测验河段及其附近河流情况、测流渐面及测验设施布设等，以及观测中出现的问题、整编方法、整编说明等。图形部分包括水文站网布设图，如测站位置图、测验河段图、测验断面图、测验设施布设图等，以及整编用图（如水位-流量关系图等）和整编成果图（如水位过程线等）。图像部分主要包括测站布设图、洪旱灾害发生期测流录像、气象卫星云图、遥感图像等。

数据库设计还需要考虑如下接口和扩展，即：①自动采集接口；②网络管理数据方式的接口；③数据的分析处理接口；④数据不断地插补延长；⑤图像资料的扩展；⑥多媒体资料（声、视）的扩展。

为整编原始水文资料或利用整编成果进行水文预报、水资源开发利用等工作，需要建立模型库。模型库是具有特定功能的可重用的基本程序、构件（组件、控件）、目标文件或可执行文件的集合。其模型应通过中文名称、标识符、功能描述、模型程序本体、输入文件格式、输出文件格式、调用范例、关键字等属性描述。模型库管理应具有模型浏览、用户模型生成、模型增加、模型备份、模型删除等功能。模型库中的每个模型都应能被主程序调用，并能通过与数据库的接口程序提取数据和参数、写入模型输出成果，能通过人机界面接口程序输入数据和参数，显示输出成果。

（四）水文数据库的组成与建立

1. 水文数据库系统分核心数据库和外层数据库

核心数据库存储水文年鉴的水位、流量、含沙量等数据，它是以水文年鉴的数据结构为基础，并参照数据库文件结构加以确定的。外层数据库是其他水文专用数据库，如为水文预报用的水文预报数据库，为水资源开发利用的水资源数据库，地下水专用库，水质专用库等。

2. 水文数据库分三级建立

第一级为国家水文数据库，由水利部水文局（水利信息中心）管理。

第二级为各大流域机构、水利高等院校、重点科研机构建立的数据库。

第三级为各省、区建立的数据库。

三级数据库互通互联，形成一个全国分布式的水文数据库。

所谓分布式数据库有下列特点：

（1）在物理上的分布，分布式数据库是基于网络的数据库系统，对它们的访问是透明的。

（2）具有相对的独立性和稳定性，分布式数据库的信息在时间和空间上应具有相对的稳定性，例如，所采集的水文信息在几十年或十几年内是相对稳定的。

（3）具有良好的开放性与兼容性，分布式数据库能随着软硬件设备的改善而得到非常容易的升级换代。

（4）具有良好的网络环境，便于数据共享，分布式数据库具有广泛目的，它可为不同领域、不同部门、不同建设项目服务、对它的访问是非常频繁的，所以对系统的网络环境和系统的硬件设备、系统软件的多用户并发访问响应都应具有较高的要求。

（5）具有良好的系统用户界面，这是系统建立成功的关键之一，分布式数据库作为具有广泛用的数据库，能以良好的人机交互环境来吸引大量的使用者；以充分发挥数据库的作用，增大产出投入比。

3. 水文数据库具有严格的数据格式

水文数据库具有严格的数据录入格式，其成果按一定格式提供。

三、数据结构与文件名

（一）数据结构

时间数据如图 5-2 所示，一般采用月、日、时、分组合的基本格式表示。"月""日""时"三项应分别采用两位整数表示，"分"应采用小数点后两位表示。分钟的值应按 60 进制的形式填记。组合时间数据的左"0"可省略。相邻观测时间，若月或月、日或月、日、时相同时，后者的相同部分可省略。

水文要素包括水位、流量、沙量、降水量、蒸发量、水温及冰凌等水文要素数据，应采用如图 5-3 中由观测的要素数值、要素性质与观测情况或整编符号组合的基本格式表示。要素数值为数字时，数字位数应按各要素的观测与计算要求确定，小数点后无量是小

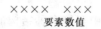

图 5-2　时间的数据格式　　　　图 5-3　水文要素的基本格式

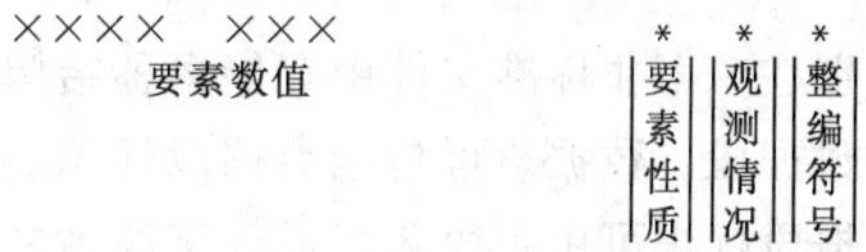

数点及其后 0 可省略。观测情况或整编符号应包括缺测、改正、不全、合并、分列、欠准等。观测物符号、流向符号和整编符号应按表 5-1~表 5-3 的格式填写。

表 5-1　　　　　　　　　　观 测 物 符 号 一 览 表

观测物符号	含　　义	观测物符号	含　　义
*	雪	（小数点）	流冰
*	有雨也有雪	I	封冻
A *	雹或雨夹雹	]	冰上流水
A	有雹也有雪	[	岸边融冰或冰层浮起
U	霜	〃	稀疏流冰花
I	冰凇或微冰	A	冰塞或冰坝
H	岸冰	E	冰滑动
O	稀疏流冰	B	结冰
#	流冰花	G	水道断面干枯
G%	水道断面部分干枯	L	水道断面连底冰
L%	水道断面部分连底冰		

表 5-2　　　　　　　　　　流 向 符 号 及 应 用 方 法

出 现 情 况	水位日表	流量日表
全日顺流，或一日兼有顺流，停滞	不记符号	不记符号
全日逆流，或一日兼有逆流，停滞	记 V	记负号，但不记 V
全日停滞	记 X	记 0，但不记 X
一日兼有顺逆流，停滞	记 N	日均值大于 0 时，记 N；日均值小于 0 时，记负号，同时记 N

表 5-3　　　　　　　　　　整 编 符 号 一 览 表

整编符号	含　　义	整编符号	含　　义
—	缺测或确项	）	不全
?	欠准	!	合并
+	改正	Q	分列
@	插补		

（二）记录与数据段组织

记录由数据与分隔符组成，分隔符可为逗号或空格等。一个记录可为一个数据或多个数据。

区别在一个非标准文件中存储多种结构的数据记录时，可将连续若干个同一结构的记录作为数据段。数据段可包括数据段标识、数据记录、结束标识。

数据段标识可由字段名组成，字段名之间应用逗号或空格分开。数据段标识位于数据段首时，结束标识应位于数据段尾。

（三）文件命名方法

文件名由主文件名和扩展名两部分组成，用 ASCII 码编码，体现流域、水系、数据分类、隶属机关、时间特征等，图 5-4 是文件名的基本格式，主文件名为 12 个字符，前 8 个字符为测站编码，后 4 个字符为年份码。

主文件名 ××××××××[××××]
测站编码 年份码

扩展名 ·×××
项目码 表类型码 文件属性码

图 5-4 文件名的基本格式

文件名的基本格式沿用我国水文资料整编和刊印的成功经验，主文件名以站、年标识，站码为 8 位数字码：第 1 位表示流域；第 2、3 位表示水系；第 4～8 位为隐含测站类型的测站序位码，当第 4 位为 0、1 时表示水位水文站，当第 4 位为 2、5 时为降水蒸发站，第 5～8 位为测站所属行政单位码。年码是 4 位，用以表示水文信息的实际年份，主文件名中，只要具备站码和年份，对数据文件站年标识而言已具有唯一性。例如 401044501998，其中第 1～3 位即 401 表示黄河流域（4）、干流水系（01），第 4 位 0 表示水位水文站；第 5～8 位 4450 表示三门峡，即三门峡水文站；1998 表示水文信息所在年份。

主文件名 ×××[××××]
流域 水系码 年份码

扩展名 ·×××
项目码 表类型码 文件属性码

主文件名 ×[××××]
流域码 年份码

扩展名 ·×××
项目码 表类型码 文件属性码

主文件名 ××[××××]
省（市）（区）码 年份码

扩展名 ·×××
项目码 表类型码 文件属性码

图 5-5 文件名的其他格式

除基本格式外，文件名还有其他三种格式，如图 5-5 所示。主文件名为 7 个字符时，前 3 个字符为流域水系编码，后 4 个字符为年份码。主文件名为 5 个字符时，前 1 个字符为流域编码，后 4 个字符为年份码。主文件名为 6 个字符时，前 2 个字符为省（直辖市、自治区）代码，后 4 个字符为年份码。

文件名中的扩展名（即后缀）由 3 个字符组成。其中第 1 个字符为项目码，参照国内外水文数据分类及实践经验，项目的确定考虑了①便于对号查找，有利于提高文件检索效率；②确保每一个项目的容量不超过极限容量；③每一个项目空间留有余地，以便扩展。根据上述原则将项目码分为 11 类，见表 5-4。

表 5-4　　　　　　　　　　项　目　码　表

项目码	项　目	项目码	项　目
Z	水位	G	冰凌
T	潮位	I	水温
Q	流量、来水量、大断面	P	降水量
W	潮流量	E	蒸发量
C	输沙率、含沙量	U	调查资料
D	泥沙颗粒级配		

扩展名的第 2 个字符为表类型码，属于整编用的原始数据文件以数字 0～9 表示，其他文件的表类型码以英文字母 A～Z 表示。表 5-5 给出了表类型码。

表 5 – 5　　　　　　　　　　　表 类 型 码 表

表类型码	表类及文件	表类型码	表类及文件
A、B	逐日表	M、N	月年表
C、D	实测表	P、Q、R	摘录表
E、F	统计表	U、V	率定表
G、H	一览表	0～9	原始数据文件和整编成果数据文件
I、J、K	说明表		

扩展名的第 3 个字符为文件属性码，通常将其分为原始数据文件、整编成果数据文件和整编成果表格文件三类，见表 5 – 6。

表 5 – 6　　　　　　　　　　　文 件 属 性 码 表

属性码	含　义	属性码	含　义
G	原始数据文件	L	整编成果表格文件
R	整编成果数据文件		

由项目码、表类型码、文件属性码组合的各整编成果表格文件的扩展名见表 5 – 7。

表 5 – 7　　　　　　　　　　　各编程成果表格文件扩展名表

表　　名	扩展名	表　　名	扩展名
水位、水文站一览表	ZGL	堰闸实测潮量成果统计表	WFL
降水量、水面蒸发量站一览表	PGL	实测悬移质输沙率成果表	CCL
水位、水文站整编成果资料一览表	ZHL	逐日平均悬移质输沙率表	CAL
降水量、水面蒸发量站整编成果资料一览表	PHL	逐日平均含沙量表	CBL
各站月年平均流量对照表	QEL	实测悬移质颗粒级配成果表	DCL
各站月年平均输沙率对照表	CEL	实测悬移质单样颗粒级配成果表	DDL
站说明表	ZIL	月年平均悬移质颗粒级配表	DML
水库（堰闸）站说明表	ZJL	逐日水温表	IAL
××站以上（区间）主要水利工程基本情况表	ZKL	冰厚及冰情要素摘录表	GPL
逐日平均水位表	ZAL	冰情统计表	GEL
逐潮高低潮位表	TAL	实测冰流量成果表	GCL
潮位月年统计表	TNL	逐日降水量表	PAL
实测流量统计表	QCL	降水量摘录表	PPL
实测大断面成果表	QDL	各时段最大降水量表（1）	PEL
堰闸流量率定成果表	QUL	各时段最大降水量表（2）	PFL
水电（抽水）站流量率定成果表	QVL	陆上（漂浮）水面蒸发场说明表及平面图	EIL
逐日平均流量表	QAL	逐日水面蒸发量表	EAL
洪水水文要素摘录表	QPL	水面蒸发量辅助项目月年统计表	EML
堰闸洪水水文要素摘录表	QRL	水量调查站（点）一览表（含资料索引）	UGL
水库水文要素摘录表	QQL	站以上（区间）水量调查成果表	UCL
实测潮流量成果表	WCL	水库（堰闸）来水量（蓄水变量）月年统计表	QML
实测潮量成果统计表	WEL		

四、全国分布式水文数据库简介

水利部向全国水文部门推荐试用的《全国分布式水文数据库》现在仍在不断地改进和完善。建议使用的数据库软件为 Oracle 或 Sybase。数据库包括：①水文年鉴数据录入软件（HDIS）；②水文年鉴数据装载软件（HDSS）；③电算整编成果转储软件；④数据库表定义、空间定义、分区定义等定义过程软件；⑤数据装载情况查询软件。下面简单介绍一下它们的功能。

1. 水文年鉴数据录入软件（HDIS）

HDIS 可以完成水文年鉴所需要的一切数据表格和测站基本情况的录入，其主要功能如下：

（1）能完成水文年鉴和表结构数据的录入，并形成相应的查询数据文件和装载数据文件。

（2）采用汉字菜单方式，操作中辅以必要的提问、提示，人机界面十分友善。

（3）具有显示、删除、修改、插入功能。

（4）具有对输入信息的自检或检错功能。

2. 水文年鉴数据装载软件（HDSS）

HDSS 可以把 HDIS 录入的数据自动装入 ORACLE 数据库中。因此，ORACLE 数据库是 HDSS 运行的目标载体。HDSS 将数据按不同类型装入数据库相应的二维表中。其基本功能是：①自动化功能——只要根据《全国分布式水文数据库》中系统表结构方案建立的原始数据文件，HDSS 均可以将文件中的数据准确无误的自动装入数据库内；②通用化功能——HDSS 可以对 7 种数据类型（测站信息类，日值类，摘录值类，月年统计值类，实测值类，时段最大值类，地表水注解表类）、51 种表、1687 个字段的数据进行装载，实现了对地表水水文数据的装载通用化；③信息化功能——HDSS 通过汉字菜单作为界面平台，人机交互方式，只要输入必需的站码、年份等关键数据，就可自动生成完整的数据文件，并为数据装载自动导航，在装载过程中能自动记载有关装载情况（如读取的记录数，跳过的记录数，装入的记录数，拒绝的记录数，等等），并可显示或打印有关信息；④重复装载控制功能——对已入库的数据能自动识别而拒绝装载重复数据。

3. 电算整编成果转储软件

该软件以电算整编成果如逐日水位、逐日流量等数据库表向 ORACLE 数据库中转储，其特点是：

（1）易操作——利用人机对话，根据屏幕提示进行输入。

（2）准确性——利用检验(Check)子程序可以对以往的输入进行查询，以免重复转储。

（3）利用插入（Insert）子程序进行数据插入，能保证数据库准确无误。

该数据库与实际要求，相差甚远，需要进一步完善。

第二节　水文信息处理的模拟

前面在水文信息处理中曾提到选用适当的数学模型来拟合水位流量关系曲线，下面就其如何计算机化（也即应用程序）进行一些说明。

一、单一关系线的拟合

对于稳定的水位流量关系，其基本关系线为单一关系线，人工整编一般是通过实测关系点的点群中心，用适线法定出关系线；用计算机整编时，一般用一定的数学方程（公式）或数学模型对实测关系点进行拟合（模拟）。

（一）曲线拟合中的数学模型简介

单一曲线法推流，应结合测站特性，应用插值法或通过选用下列适当的数学模型来拟合水位流量关系曲线，然后用水位推算流量。

1. 指数方程

$$Q=CZ_e^n \tag{5-1}$$

$$\ln Q=\ln C+n\ln Z_e \tag{5-2}$$

式中：Q 为流量，$\mathrm{m^3/s}$；Z_e 为水位 Z 与一常数 Z_0（断流水位）之差，即 $Z_e=Z-Z_0$，m；C、n 为待定系数、指数，为常数。

2. 对数函数方程

$$Y=b_0+b_1X+b_2X^2+\cdots+b_mX^m \tag{5-3}$$

$$\left.\begin{array}{l}Y=\ln Q\\Y=\ln Z_e\end{array}\right\} \tag{5-4}$$

式中：b_0、b_1、b_2、$\cdots$、b_m 为待定系数。

3. 多项式方程

$$Q=a_0+a_1Z_e+a_2Z_e^2+\cdots+a_mZ_e^m \tag{5-5}$$

式中：a_0、a_1、a_2、$\cdots$、a_m 为待定系数。

4. 幂指数方程

$$Q=C(Z_e+\alpha)^\beta \tag{5-6}$$

式中：C、α、β 分别为待定系数、指数。

5. 抛物线方程

$$Q=A_0+A_1Z_e+A_2Z_e^2 \tag{5-7}$$

式中：A_0、A_1、A_2 为待定系数。

6. 双曲线方程

$$\frac{(Q-d)^2}{a^2}-\frac{(Z_e-c)^2}{b^2}=1 \tag{5-8}$$

式中：a、b、c、d 为待定系数。

上述公式中的水位 Z_e、流量 Q 为实测值，用它们一系列实测的对应值就可确定公式中的待定系数。下面介绍在水文资料整编中常用的正交函数法和浮动多项式法。

（二）正交函数法

在数学上，"正交"即垂直之意。n 为矢量 a，b 正交的条件是

$$\sum_{i=1}^{n} a_i b_i = 0 \qquad (5-9)$$

若取 3 阶对数函数方程，则有

$$Y = b_0 + b_1 X + b_2 X^2 + b_3 X^3 \qquad (5-10)$$

$$\left.\begin{array}{l} Y = \ln Q \\ Y = \ln Z_e \end{array}\right\} \qquad (5-11)$$

将上式通过变换，找到一组相互正交的变量 X 的函数，对 3 阶曲线而言，便有

$$\left.\begin{array}{l} P_0 = 1 \\[4pt] P_1 = (X - \alpha_1) P_0 = X - \alpha_1 \\[4pt] \alpha_1 = \dfrac{\sum X}{n} \\[4pt] P_2 = (X - \alpha_2) P_1 - \beta_1 P_0 \\[4pt] \alpha_2 = \dfrac{\sum X P_1^2}{\sum P_1^2} \\[4pt] \beta_1 = \dfrac{\sum P_1^2}{\sum P_0^2} = \dfrac{\sum P_1^2}{n} \\[4pt] P_3 = (X - \alpha_3) P_2 - \beta_2 P_1 \\[4pt] \alpha_3 = \dfrac{\sum X P_2^2}{\sum P_2^2} \\[4pt] \beta_2 = \dfrac{\sum P_2^2}{\sum P_1^2} \end{array}\right\} \qquad (5-12)$$

可以证明，式中 $\sum P_0 P_1$、$\sum P_0 P_2$、$\sum P_1 P_2$、$\sum P_0 P_3$、$\sum P_1 P_3$、$\sum P_2 P_3$ 各项均为零，即在 P_0、P_1、P_2、P_3 之间，任意两函数都相互正交。于是，可以将式（5-10）用正交函数表示为

$$Y = a_0 + a_1 P_1 + a_2 P_2 + a_3 P_3 \qquad (5-13)$$

式中参数 a_0、a_1、a_2、a_3 分别为

$$\left.\begin{array}{l} a_0 = \dfrac{\sum Y}{n} \\[6pt] a_1 = \dfrac{\sum P_1 Y}{\sum P_1^2} \\[6pt] a_2 = \dfrac{\sum P_2 Y}{\sum P_2^2} \\[6pt] a_3 = \dfrac{\sum P_3 Y}{\sum P_3^2} \end{array}\right\} \qquad (5-14)$$

实际应用中，可将测点按水位 Z 从低到高排列，在最低水位与河底之间选择端流水位 Z_0 值，用式（5-11）计算 X、Y，用式（5-12）计算 P_0、P_1、P_2、P_3 诸值，并用式（5-14）计算参数 a_0、a_1、a_2、a_3，代入方程式（5-13），即可求得选配方程的具体表达式。

如果正交函数为 m 阶，即

$$Y = a_0 + a_1 P_1 + a_2 P_2 + a_3 P_3 + \cdots + a_m P_m \qquad (5-15)$$

正交函数 $P_i (i = 0、1、2、3、\cdots、m)$ 可用下面的通式确定

$$P_0 = 1$$

$$P_1 = X - \alpha_1$$

$$\alpha_1 = \frac{\sum X}{n}$$

$$P_i = (X - \alpha_2) P_{i-1} - \beta_{i-1} P_{i-2} \left.\right\} \tag{5-16}$$

$$\alpha_i = \frac{\sum X P_{i-1}^2}{\sum P_{i-1}^2}$$

$$\beta_{i-1} = \frac{\sum P_{i-1}^2}{\sum P_{i-2}^2}$$

而参数 $a_i (i = 0、1、2、3、\cdots、m)$ 可用下面的通式确定：

$$a_i = \frac{\sum P_i Y}{\sum P_i^2} \tag{5-17}$$

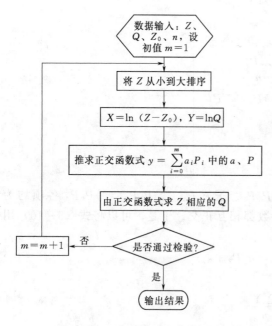

图 5-6　正交函数选配曲线框图

用正交函数选配曲线的突出优点是可以进行"递推"计算。对于水位流量关系曲线来说，可以先从 X-Y 的一阶直线（$y = a_0 + a_1 P_1$）开始，如不满意，可配二阶曲线（$y = a_0 + a_1 P_1 + a_2 P_2$），如仍不满意，再选配三阶至更高阶曲线，直至满意为止。实际上，一般用到三阶即可满足要求。

用正交函数选配曲线的结果也要在进行适当检验后，才能用所建立的数学模型进行推流。图 5-6 是正交函数选配曲线的框图。

（三）浮动多项式配方程模型

浮动多项式配方程模型是用最小二乘法选配项数不等的若干多项式，进行适当检验后，从若干个方程中选取符合要求的最优多项式作为最终选配的方程。

若有 n 个实测点，拟选配 $m+1$ 项的多项式，且 $n > m+1$，则每一个测点都应有一个关系式，即

$$Q_1 = a_0 + a_1 Z_{e1} + a_2 Z_{e1}^2 + \cdots + a_m Z_{e1}^m$$

$$Q_2 = a_0 + a_1 Z_{e2} + a_2 Z_{e2}^2 + \cdots + a_m Z_{e2}^m$$

$$Q_3 = a_0 + a_1 Z_{e3} + a_2 Z_{e3}^2 + \cdots + a_m Z_{e3}^m \left.\right\} \tag{5-18}$$

$$\vdots$$

$$Q_n = a_0 + a_1 Z_{en} + a_2 Z_{en}^2 + \cdots + a_m Z_{en}^m$$

方程组（5-18）为一超定方程，必须通过最小二乘法原理使其方程个数与 $m+1$ 个待定系数相等，才有唯一解。有关最小二乘法原理不再赘述，由最小二乘法原理变换的正

规方程组为

$$a_0\sum Z_i^0+a_1\sum Z_i+a_2\sum Z_i^2+\cdots+a_m\sum Z_i^m=a_0\sum Q_iZ_i^0$$
$$a_0\sum Z_i+a_1\sum Z_i^2+a_2\sum Z_i^3+\cdots+a_m\sum Z_i^{m+1}=a_0\sum Q_iZ_i$$
$$a_0\sum Z_i^2+a_1\sum Z_i^3+a_2\sum Z_i^4+\cdots+a_m\sum Z_i^{m+2}=a_0\sum Q_iZ_i^2 \qquad (5-19)$$
$$\vdots$$
$$a_0\sum Z_i^m+a_1\sum Z_i^{m+1}+a_2\sum Z_i^{m+2}+\cdots+a_m\sum Z_i^{2m}=a_0\sum Q_iZ_i^m$$

上述方程组为一线性方程组,其系数矩阵与自由项组成方程组的增广矩阵。解方程组 (5-19) 便可求出各待定系数 a_0、a_1、a_2、$\cdots$、a_m,即求出了有一确定项数（$m+1$）的多项式方程。

如果用 H 表示系数矩阵和自由项,将实测的水位 Z 和流量 Q（n 个实测点）代入下式,就可以计算出 H 的数值:

$$H(i,j)=\sum Z(k)^{(i+j)}$$
$$H(i,m+1)=\sum Q(k)Z(k)^i \qquad (i、j=0、1、2、\cdots、m；k=1、2、3、\cdots、n) \qquad (5-20)$$

类似正交函数选配曲线一样,选配多项式的项数也可以进行"递推"。对于水位流量关系曲线来说,可以先从 $Q-Z$ 的一阶直线（$Q=a_0+a_1Z$）开始,如不满意,可配二阶曲线（$Q=a_0+a_1Z+a_2Z^2$）,如仍不满意,再选配三阶至更高阶曲线,直至满意为止。当然,选取最优多项式应有一个精度指标,一般用一定置信水平的关系方程的不确定度来衡量。

一定置信水平的关系方程的不确定度与实测关系点对关系方程的标准差、选用关系方程的形式、水位的高低和实测点的测次等因素有关。在反映关系方程精度情况的诸多因素中,对于测次一定的资料,其关系点偏离关系方程的相对标准差是最重要的指标。在项数不等的多个多项式方程中,实测点偏离关系线的标准差 S_y 建议采用下面的公式

$$S_y=\sqrt{\sum_{i=1}^{n}\frac{\left(\dfrac{Q_{ci}-Q_i}{Q_{ci}}\right)^2}{n-f}} \qquad (5-21)$$

式中:Q 为实测值;Q_{ci} 为关系方程推算值;n 为测次数;f 为自由度损失值,一般等于多项式的项数 $m+1$。项数不等的多个多项式中,相对标准差小者为优。图 5-7 为浮动多项式配方程模型框图。

(四) 数学模型的检验

在《水文资料整编规范》（SL 247—2012）中,对单一关系线的定线有着具体规定:①水位流量关系

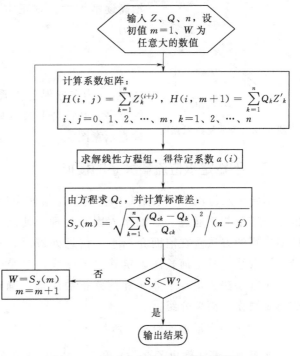

图 5-7 浮动多项式配方程模型框图

点的分布，若75%以上的点与关系曲线的偏离相对误差、流速仪法高、中水不超过5%、流速仪法低水及水面浮标法不超过8%，可定为单一线；②对所定的单一线要进行符号检验、适线性检验、偏离数值检验等；③对于单一水位流量关系，一般测站为一条下凹的增值曲线，因此不允许曲线反曲。计算机所拟合的水位流量关系方程应从以上几方面来检验所定方程的合理性。

单一曲线，其线型一般应符合一定的水文特性。例如，单一水位流量关系方程一般不允许出现反曲。但在用计算机拟合多项式方程时，有时会出现反曲，其原因有水文观测方面的，也有洪水本身特性造成的。出现反曲现象的测点分布特点是：一般测次较少，且分布不均，流量偏小的测点较多或有流量特别偏小的测点。例如，有的测站涨水历时很短，且测验条件困难，水位流量关系本身为一幅度很小的绳套曲线，这样就会造成落水测点较多、且流量偏小，用多项式定线时会出现反曲的现象。

造成方程反曲的另一个原因是所用多项式的项数太多。直线方程谈不上反曲；二次三项式，其二阶导数为一常数也不会出现反曲；四项式其二阶导数为一直线方程，可能出现一次反曲（反曲处二阶导数为0）；项数越多，反曲的可能性越大。

由于选配的多项式方程会出现反曲现象，因此，在使用浮动多项式时，对明显可造反曲的测点分布，应在定线时加以处理。例如，加进一些历史上的高水控制点，即可使方程改观。

对于有些方程可能造成的反曲，在浮动多项式中加进反曲检查来加以排除。反曲检查的方法可以根据方程的形式，求其二阶导数，其小于零者为反曲。亦可按一定的水位间隔推求流量，设相邻点水位差 ΔZ 为一常数，其相应推出的流量为 ΔQ，若 ΔQ 随着水位的增高逐渐增大，则正常；反之，则为反曲。检查反曲的判别式为

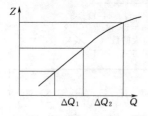

图 5-8 反曲检查示意图

$$\Delta Q(i+1) \geqslant \Delta Q(i) \qquad (5-22)$$

式中：i 为在方程上从低水位到高水位以相等的间隔 ΔZ 所取的点序。凡符合上式者属正常，否则为反曲。图 5-8 为反曲检查示意图。

二、不稳定水位流量关系的模拟

不稳定水位流量关系是非单值的，这给使用计算机定线带来了一些不便。把不稳定的水位流量关系通过一定的水力因数处理，使之成为单值关系，这是用计算机进行定线最常用的方法。在前面介绍水文信息处理时，对受洪水涨落影响的水位流量关系用校正因数法、抵偿河长法确定其关系曲线，对受变动回水影响的水位流量关系用落差法（定落差法、正常落差法和落差指数法等）确定其关系曲线。下面就如何用计算机进行定线作一简单介绍。

1. 受洪水涨落影响的校正因数法

前面用图解法作出了 $Z - Q_c$ 和 $Z - \dfrac{1}{S_c V}$ 两条关系曲线，现为它们选配方程，即用数学

模型进行处理，计算框图如图 5-9 所示。

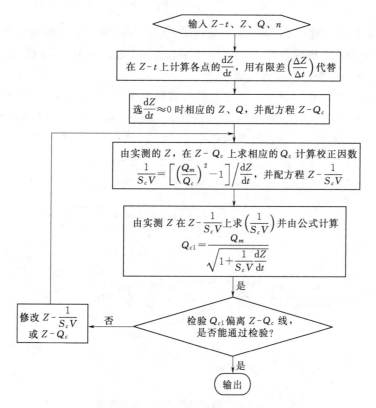

图 5-9　校正因数法选配方程框图

现就图 5-9 的做法和步骤说明：

（1）计算 $\dfrac{\mathrm{d}Z}{\mathrm{d}t}$，一般在水位过程线 $Z-t$ 上取有限差 $\dfrac{\Delta Z}{\Delta t}$ 来近似。

（2）用 $\dfrac{\mathrm{d}Z}{\mathrm{d}t}\approx 0$ 所对应的水位 Z 和流量 Q，将其看为稳定流的水位流量关系，可用正交函数式、浮动多项式或其他数学公式拟合一条关系线 $Z-Q_c$。

（3）在确定 $Z-Q_c$ 的基础上，再拟合一条 $Z-\dfrac{1}{S_cV}$ 关系曲线；首先由实测的 Z，再求 $Z-Q_c$ 相应的流量 Q_c（称计算流量），则

$$\frac{1}{S_cV}=\left[\left(\frac{Q_m}{Q_c}\right)^2-1\right]\bigg/\frac{\mathrm{d}Z}{\mathrm{d}t} \tag{5-23}$$

由一系列实测的水位 Z 及相应的 $\dfrac{1}{S_cV}$，就可以用正交函数式、浮动多项式或其他数学公式拟合一条 $Z-\dfrac{1}{S_cV}$。

（4）检验。由实测的 Z 在关系方程上求出 $\left(\dfrac{1}{S_cV}\right)'$ 值，则

$$Q_{c1} = Q_m \bigg/ \sqrt{1 + \left(\frac{1}{S_c V}\right)' \cdot \frac{\mathrm{d}Z}{\mathrm{d}t}} \qquad\qquad (5-24)$$

计算 Q_{c1} 与 Q_c 的相对误差，即实测点偏离关系线的标准差 S_y，判断其合理性（设一个误差，若 S_y 小于此误差，即为合理）。此处将 Q_{c1} 看作实测流量，Q_c 为方程上的对应值（计算值）。

2. 受洪水涨落影响的抵偿河长法

抵偿河长法中的水位后移法，是把本站的实测流量 Q_t 与本站测流时的平均时间后移 $1/2$ 抵偿河长传播时间（假定为 Δt）的水位 $Z_{t+\Delta t}$ 建立关系，从而使受洪水影响下的绳套曲线变为单一关系线 $Z_{t+\Delta t}$-Q_t。计算机选配 $Z_{t+\Delta t}$-Q_t 关系方程的框图如图 5-10 所示。

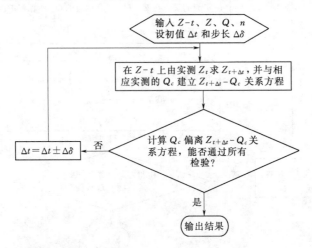

图 5-10　抵偿河长法选配方程框图

现就图 5-10 的做法和步骤说明如下：

（1）假定一个后移时间为 t，在实测的水位过程线 Z-t 上用插值法计算各实测水位后移为 t 以后的水位 $Z_{t+\Delta t}$。有关插值法将在后面介绍。

（2）由实测流量 Q_t 与相应后移为 Δt 以后的水位 $Z_{t+\Delta t}$，用正交函数式、浮动多项式或其他数学公式拟合一条关系线 $Z_{t+\Delta t}$-Q_{tc}，并计算实测点偏离关系线的相对标准差 S_y。

（3）重新假定一个后移时间 Δt，重复（1）、（2）步骤，计算出的相对标准差 S_y 与第一次的 S_y 进行比较，小者为优。

（4）在 Δt 一个有限范围内选择几个值，取 S_y 最小及相应的后移时间 Δt，则相应的 $Z_{t+\Delta t}$-Q_{tc} 关系方程即为所求。

（5）推流时，由已知本站水位过程求后移水位 $Z_{t+\Delta t}$，代入关系方程，即可推出各个时刻的瞬时流量 Q_{tc}。

3. 受变动回水影响的定落差法

定落差法的基本思路是选定某一落差 ΔZ_c（一般为实测落差中的较大值），使其对应的落差流量（Q_c）与水位 Z 呈单一关系。在用图解法时，根据实测的水位 Z、落差 ΔZ_m 和流量 Q_m，作 Z-Q_c 和 $\frac{\Delta Z_m}{\Delta Z_c}$-$\frac{Q_m}{Q_c}$ 两条关系曲线，现在为其选配方程，步骤如下：

（1）由实测的落差 ΔZ_m 中，挑选一个最大的落差作为定落差 ΔZ_c，并计算相应的定

落差流量 Q_{c1}：$Q_{c1} = Q_m / \sqrt{\dfrac{\Delta Z_m}{\Delta Z_c}}$。

（2）由 Z 及 Q_{c1} 关系点选配方程 $Z-Q_c$，并在 $Z-Q_c$ 关系方程上求出实测水位 Z 相应的计算流量 Q_c。

（3）计算同一水位时的 $\dfrac{\Delta Z_m}{\Delta Z_c}$ 和 $\dfrac{Q_m}{Q_c}$，并选配方程 $\dfrac{\Delta Z_m}{\Delta Z_c}-\dfrac{Q_m}{Q_c}$。

（4）由实测的 ΔZ_m，计算 $\dfrac{\Delta Z_m}{\Delta Z_c}$，并从 $\dfrac{\Delta Z_m}{\Delta Z_c}-\dfrac{Q_m}{Q_c}$ 方程中求出 $\dfrac{Q_m}{Q_c}$，进而用公式推出 Q_{c2}（暂称为实测流量）：$Q_{c2} = \dfrac{Q_m}{\dfrac{Q_m}{Q_c}}$。

（5）计算 Q_{c2} 偏离关系方程 $Z-Q_c$ 的相对标准差 S_y，若能满足要求，再通过各种检验后，这两个方程 $Z-Q_c$ 和 $\dfrac{\Delta Z_m}{\Delta Z_c}-\dfrac{Q_m}{Q_c}$ 即为所求。

计算机选配 $Z-Q_c$ 和 $\dfrac{\Delta Z_m}{\Delta Z_c}-\dfrac{Q_m}{Q_c}$ 两个关系方程的框图如图 5-11 所示。

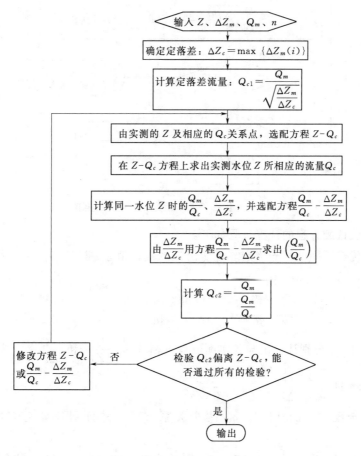

图 5-11　定落差法选配方程框图

4. 受变动回水影响的落差指数法

落差指数法是通过优选落差指数 β，建立水位 Z 与 $\dfrac{Q}{(\Delta Z)^{\beta}}$ 的关系方程。因此，落差指数法的关键是优选落差指数 β。黄金分割法（0.618 法）是目前常用的优选 β 的方法。落差指数法选配方程的框图如图 5-12 所示。

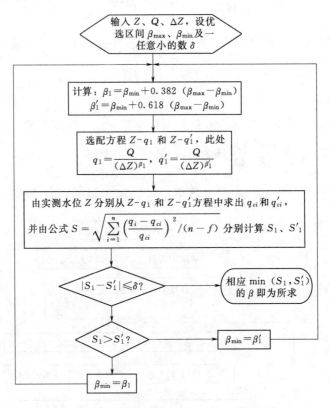

图 5-12 优选落差法指数 β 的计算机框图

落差指数法选配方程的计算步骤如下：

（1）选定优选区间，即先确定 β 可能出现的极大值 β_{max} 与极小值 β_{min} 并在优选区间内计算出 β_1 与 β_1'：

$$
\left.
\begin{aligned}
\beta_1 &= \beta_{min} + 0.382(\beta_{max} - \beta_{min}) \\
\beta_1' &= \beta_{min} + 0.618(\beta_{max} - \beta_{min})
\end{aligned}
\right\} \tag{5-25}
$$

（2）用 β_1 和 β_1' 分别计算出与各实测流量点相应的 $\dfrac{Q}{(\Delta Z)^{\beta_1}}$ 和 $\dfrac{Q}{(\Delta Z)^{\beta_1'}}$，为方便计，分别用 q_1、q_1' 表示，即 $q_1 = \dfrac{Q}{(\Delta Z)^{\beta_1}}$，$q_1' = \dfrac{Q}{(\Delta Z)^{\beta_1'}}$。

（3）分别选配 $Z-q_1$ 和 $Z-q_1'$ 两个关系方程，并分别计算它们的相对标准差 S_{y1}、S_{y1}'。

（4）比较 S_{y1} 和 S_{y1}'：若 $S_{y1} < S_{y1}'$ 时，则认为最优的 β 在 β_{min} 与 β_1' 之间；若 $S_{y1} > S_{y1}'$ 时，则认为最优的 β 在 β_1 与 β_{max} 之间，如图 5-13 所示。

(5) 第二次优选时，若 $S_{y1}<S'_{y1}$，其优选区间在 β_{min}-β'_1，在此区间内计算 β_2 与 β'_2：

$$\beta_2=\beta_{min}+0.382(\beta'_1-\beta_{min})$$

$$\beta'_2=\beta_{min}+0.618(\beta'_1-\beta_{min})$$

令 $\beta_{max}=\beta'_1$，则仍可用式（5-25）计算 β_2 与 β'_2。

若 $S_{y1}>S'_{y1}$，其优选区间在 β_1-β_{max}，此区间内计算在此区间内计算 β_2 与 β'_2：

$$\beta_2=\beta_1+0.382(\beta_{max}-\beta_1)$$

$$\beta'_2=\beta_1+0.618(\beta_{max}-\beta_1)$$

令 $\beta_{min}=\beta_1$，同样可用式（5-25）计算 β_2 与 β'_2。

计算出 β_2 与 β'_2后，再计算出 q_2、q'_2，分别选配 $Z-q_2$ 和 $Z-q'_2$两个关系方程，并分别计算它们的相对标准差 S_{y2}、S'_{y2}。

比较 S_{y2}和 S'_{y2}：若 $S_{y2}<S'_{y2}$时，则认为最优的 β 在 β_{min}（即 β_1）与 β'_2之间，如图 5-13 所示；若 $S_{y2}>S'_{y2}$时，则认为最优的 β 在 β_2 与 β_{max}之间，其优选区间又缩小了一些。

(6) 继续计算 β_3 与 β'_3，选配方程后计算 S_{y3}和 S'_{y3}；计算 β_4 与 β'_4，选配方程后计算 S_{y4} 和 S'_{y4}，…，直到 $S_{yj}\approx S'_{yj}$为止，如图 5-13 所示，此时的 β 即为所求，其相应的关系方程 $Z-\frac{Q}{(\Delta Z)^{\beta}}$也就确定下来了。

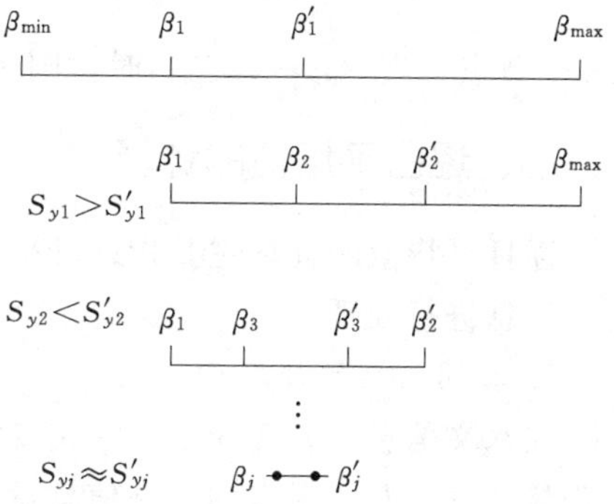

图 5-13 0.618 法优选过程图

通常，设定一个很小的数 δ，当 $|S_{yj}-S'_{yj}|<\delta$ 时，将自动停止计算，选用 S_{yj}、S'_{yj}较小者所对应的 β 值，这样关系方程 $Z-\frac{Q}{(\Delta Z)^{\beta}}$也就可以确定下来。

(7) 推流时，先计算出各瞬时水位相应的落差 ΔZ，与 Z 一起代入关系方程 $Z-\frac{Q}{(\Delta Z)^{\beta}}$，求出相应流量 Q。

三、插值法

在用计算机进行水文信息处理时，很多是用人工定线，输入节点，把曲线转换成数字，用插值公式进行推流或其他方面的计算。水文信息处理中常用的插值公式是拉格朗日插值公式中的抛物线插值公式。

对于一条水位流量关系曲线，水位 Z 表示自变量，流量 Q 表示因变量，若选取 n 个节点（$n>3$），该曲线的一段如图 5-14 所示、水位 Z 所对应的流量 Q 可以用下面形式的抛物线插值公式计算：

$$Q=\frac{(Z-Z_i)(Z-Z_{i+1})}{(Z_{i-1}-Z_i)(Z_{i-1}-Z_{i+1})}Q_{i-1}+\frac{(Z-Z_{i-1})(Z-Z_{i+1})}{(Z_i-Z_{i-1})(Z_i-Z_{i+1})}Q_i+\frac{(Z-Z_{i-1})(Z-Z_i)}{(Z_{i+1}-Z_{i-1})(Z_{i+1}-Z_i)}Q_{i+1} \quad (5-26)$$

式（5-26）需要 3 个节点，又称一元三点插值公式。

一条曲线一般选取若干个节点，插值时选取的是最靠近插值点的三点代入插值公式。

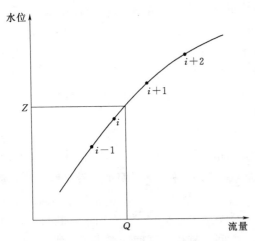

图 5-14 一元三点插值公式使用示意图

因此，对于一条曲线，各点插值时，并不是用一个插值公式，而是用分段连续插值的方法，把曲线所使用的范围内的每一水位对应的流量计算出来。

最靠近插值点的三点应该如何选取呢？现举例说明。若一条水位流量关系曲线选取了 n 个节点，拟用插值公式由水位 Z 求所对应的流量 Q。若 $Z_i < Z < Z_{i+1}(i=1,2,3,\cdots,n-1)$，当 Z 靠近 i 节点，则选取 $i-1$、i、$i+1$ 三个节点；若 Z 靠近 $i+1$ 节点，则选取 i、$i+1$、$i+2$ 三个节点；若 Z 靠近 $i-1$ 节点，则选取 $i-2$、$i-1$、i 三个节点。两端选点原则：当 $Z_1 < Z \leqslant Z_2$ 时，则选取 1、2、3 三个节点；当 $Z_n > Z \geqslant Z_{n-1}$ 时，则选取 $n-2$、$n-1$、n 三个节点。

四、逐日平均值的计算

逐日平均值的计算主要指逐日平均水位、逐日平均流量等的计算，在此之前必须先对时间信息进行处理。

1. 时间信息的处理

在水文信息中，时间是各水文要素都要用到的信息，因此在信息处理中，时间信息是工作量最大、花时最多的一种信息量。

时间数据的基本格式已表示在图 5-2 中。此数据不同于一般数据，其最大的特点是一种非单一进制、非十进制的综合信息。但是各种进制及月、日、时、分之间有着基本固定的内在联系。例如，1 日为 24 小时，1 小时为 60 分钟；在没有缺测的数据中，月份是逐一递增的，而在后一个日数小于前一个日数时，两者间必有月分界；在每日 8 时都进行观测的情况下，在后一个时分小于等于前一个时分时，其间有日分界。因此，在时间信息处理和时间信息输入时，都可根据这些规律，以减少数据加工的工作量。

在连续观测的水文信息中，时间输入往往只输入时分，此时，应进行如下处理：

（1）时分数据进制的转换。时分间为 60 进制，为了方便，输入时分时形式为 ××.××，即小数后为分，计算机运算时，对于高级语言习惯用十进制运算，因此首先要把 60 进制的时分处理成十进制的时分。

（2）在不缺测每日 8 时的观测的顺序时间数据中，可根据 $t_{i+1} \leqslant t_i$ 判别式来判断日分界。

（3）根据固有的每月的天数和日、月逐一递增的特点，可以把每一个时间数据都补成 ×××× ××.×× 的形式。

（4）对时间进行运算必须把 ×× ×× ××.×× 形式的数据进行分解，然后变成十进制的形式方可运算。把时间数据全部变成累加形式的数据进行运算亦有可取之处。

有些测站，较长时间使用相同段次观测水位，为输入方便，把时间数据进行压缩。例如，输入时间为 20，2，8，14，11520，20808，其意思是从 1 月 15 日 20 时开始，观测段次为 2、8、14、20 四段制，到 2 月 8 日 8 时结束。相应的程序把此恢复成每日四个观测时间，以便使时间与水位个数相同。

2. 日平均值的计算

前面曾介绍过日平均水位的计算方法，即算术平均法和面积包围法。在计算机的处理中，为了保证精度，都采用面积包围法。

计算日平均值至少需要水文要素值和时间两组数据。为尽量减少时间数据加工的工作量，时间数据一般只输入时、分，根据时间数据的规律，就可算出各个数据的月、日、时、分来。进行这样的处理必须有这样的条件，即每日 8 时都要有数据，这样就可以把每日 0 时的水文要素值内插出来，从而用面积包围法算出日平均值。例如，图 5-15 为日平均水位计算示意图，图 5-15 中 t_{i+1} 与 t_{i+2} 之间和 t_{i+5} 与 t_{i+6} 之间有日分界。确定了日分界，就可以内插出 0 时的水位值，其计算公式为

$$Z_0 = \frac{Z_{i+2} - Z_{i+1}}{24 + t_{i+2} - t_{i+1}} \times (24 - t_{i+1}) + Z_{i+1} \tag{5-27}$$

0 时水位算出后，即可用面积包围法计算日平均水位，其计算公式为

$$Z = \frac{F}{24} \tag{5-28}$$

式中：F 为图 5-15 中阴影的面积；Z 为日平均水位。

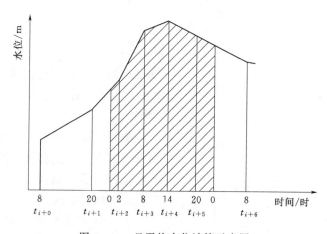

图 5-15 日平均水位计算示意图

对于月分界，一年中由于每月的天数是基本固定的，因此可以根据每月的天数来确定月分界。只是到闰年时，要给予一定的信息来确定二月的天数。

对于缺测、河干、连底冻等情况，在程序中可做特殊处理。处理的方法是：只要确定它们的开始和结束的时间或持续的天数，给其对应的水位赋予某一信息量，作为这些现象的特殊标记。

五、水文要素摘录的模拟

人工对洪水水文要素摘录时，一般要求经摘录的过程线与原过程线相似，峰形相吻

合，峰顶、峰谷相符，峰量基本相等。在以上条件基本满足时要尽量减少摘录的点次。这些原则没有严格的数字界限，很难规定一数字指标。因此，用计算机进行洪水水文要素摘录时，必须对摘录的一些原则进行概化。

分析洪水水文要素摘录的要求，可以进行这样的概括，即洪水水文要素摘录的测点，应为过程线上斜率变化较大的段次中的测点，并连续地计算各段次的斜率变化，找出这样的指标，就可以满足过程线相似、峰形相吻合等条件，又能使摘录的测点不是太多。

当考虑到不同测点洪水水文要素摘录标准的统一，计算过程线的斜率变化时，用斜率变化的相对值，令斜率的相对变化率为 δ，其计算公式为

$$\delta = \left(\frac{\Delta x_2}{\Delta t_2} - \frac{\Delta x_1}{\Delta t_1} \right) \Big/ \frac{\Delta x_1}{\Delta t_1} \tag{5-29}$$

式中：$\frac{\Delta x_2}{\Delta t_2}$ 为测点 i 到测点 $i+1$ 过程线的斜率；$\frac{\Delta x_1}{\Delta t_1}$ 为测点 $i-1$ 到测点 i 过程线的斜率；Δx_2、Δx_1 分别为某水文要素的相邻两测点（$i-1$ 到 i 及 $i+1$ 测点）间的差值；Δt_2、Δt_1 分别为对应的时段。

计算出 $i-1 \to i+1$ 过程线斜率的相对变化，用摘录标准与之比较，当时，说明水文要素的变化已经达到了摘录标准，这时便对相应点的水文要素进行摘录，否则不予摘录。

考虑到式（5-30）中 $\frac{\Delta x_1}{\Delta t_1}$ 可能出现 0 值，为此对洪水水文要素摘录判别式进行如下变换：

$$\left| \Delta x_2 - \frac{\Delta x_1}{\Delta t_1} \Delta t_2 \right| \geqslant \left| \frac{\Delta x_1}{\Delta t_1} \Delta t_2 \right| \delta \tag{5-30}$$

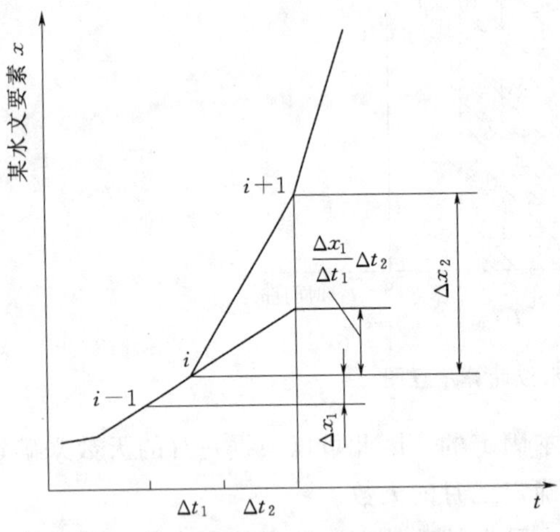

则对点的水文要素进行摘录见图 5-16。式（5-30）为程序中用到的洪水水文要素摘录判别式。

摘录标准的确定，一般可以根据测点资料分析定出。长江水利委员会根据我国一些水文站的验算，选用 $\delta = 0.4$ 进行摘录，成果一般能满足要求。

由于各水文要素间的关系是非常复杂的。因此，一个测站所要摘录的几个要素，在同一时段内的斜率变化也不相同。为了使摘录的水文要素使用时配套，要求几个要素同步摘录，即同时判断，只要有一个水文要素被摘录，其他要素则同时被摘录。

由上述可见，只需用一个判别式就可以模拟人工对洪水水文要素的摘录。但是，由于我国河流洪水特性差异甚大，而且观测段次疏密不一，有时计算机摘录与人工摘录差别较大。因此，可以根据本站特点通过试算调整摘录标准或摘录判别式，或改用其他方法进行摘录的判别。

图 5-16 洪水水文要素摘录示意图

第三节 水文信息系统

水文信息系统是在计算机软硬件和网络支持下，将水文信息采集、传输、处理、存储、检索与发布融为一体的系统。

水文信息系统是在建立在水文信息采集自动化、传输网络化、处理规范化、分析计算科学化的基础上，为水利水电规划设计、施工、管理运行、水资源开发利用、洪涝灾害预测预报、突发灾害的决策、水资源的科学研究，提供完整的水文信息服务。

我国现有水文站网情况是，截止 2013 年年底，全国水文部门共有各类水文测站86554 处，其中：水文站 4011 处，水位站 9330 处，雨量站 43028 处，蒸发站 14 处，墒情站 1912 处，水质站 11795 处，地下水监测站 16407 处，实验站 57 处。

若将全国水文站网的信息实现计算机网络互联，水文信息资源共享，需要给每个水文站定位。因此，水文站网的水文信息是一个空间信息系统，必须使用地理信息系统进行开发。

下面简要介绍地理信息系统。

一、地理信息系统（GIS）

（一）地理信息系统（GIS）简介

地理信息系统（Geographic Information System，GIS）可简单定义为用于采集、模拟、处理、检索、分析和表达地理空间数据的计算机系统。所谓地理信息，是指有关地理实体的性质、特征和运动状态的表征及一切有用的知识，它是对表达地理特征与地理现象之间关系的地理数据的解释。而地理数据则是各种地理特征和现象间关系的符号化表示，包括空间位置、属性特征（简称属性）和时域特征三部分。空间位置数据描述地物所在位置、属性数据有时又称非空间数据，是属于一定地物、描述其特征的定性或定量指标。时间特征是地理数据采集或地理现象发生的时间或时段。

GIS 的基本功能：数据输入、存储、编辑、数据格式转换、多边形迭合、拼接、剪辑以及算术、逻辑、关系、函数等运算，应用分析（通过各种应用模型来实现量算与统计、监测和预测、辅助决策等）、数据显示、输出，数据更新。

地理信息除了具有信息的一般特性，如共享性、客观性外，还具有如下特性：

（1）区域分布性——地理信息具有空间定位的特点。先定位后定性，并在区域上表现出分布式特点，不可重叠，其属性表现为多层次，因此，地理数据库的分布或更新也应是分布式。

（2）数据量特别大——地理信息既有空间特征，又有属性特征，并且发展时段较长，数据量非常大。

（3）信息载体的多样性——地理信息的第一载体是低廉实体的物质和能量本身，除此之外还有描述地理实体的文字、数字、地图和影像等符号信息载体以及纸质、磁带、光盘等物理介质载体。

(二) 地理信息系统组成

一个典型的地理信息系统（GIS）应包括三个基本部分，即：

(1) 计算机系统（硬件、软件）。

(2) 地理数据库系统。

(3) 应用人员与组织机构，如图 5-17 所示。

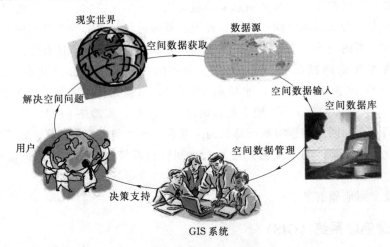

图 5-17　地理信息系统示意图

1. 计算机系统

计算机系统又可分为硬件系统、软件系统。GIS 的硬件部分包括执行程序的中央处理器，保存数据和程序的存储设备，用于数据输入、显示和输出的外围设备等。其中大多数硬件是计算机技术的通用设备，而有些设备则在 GIS 中得到了广泛应用，如数字化仪、扫描仪等。

GIS 的软件系统由核心软件和应用软件组成。其中核心软件包括数据处理、管理、地图显示和空间分析等部分，而特殊的应用软件包则紧紧地与核心模块相连，并面向一些特殊的问题，如网络分析、数字地形模型分析等。虽然 GIS 软件有些是通用的数据库管理系统，但大部分软件是专用的，仅限用于 GIS 领域；一些 GIS 软件属于免费软件，但大多数为商业化软件系统，并有知识产权问题；有些软件是面向特定硬件的，但大多数软件独立于特定硬件，为开放系统。

2. 地理数据库系统

GIS 的地理数据分为几何数据和属性数据。它们的数据表达可以采用栅格和矢量两种形式，几何数据表现了地理空间实体的位置、大小、形状、方向以及拓扑几何关系。

地理数据库系统由数据库实体和地理数据库管理系统组成。地理数据库管理系统主要用于数据维护、操作和查询检索。地理数据库是 GIS 应用项目重要的资源与基础，它的建立和维护是一项非常复杂的工作，涉及许多步骤，需要技术和经验，需要投入高强度的人力与开发资金，是 GIS 应用项目开展的瓶颈技术之一。

3. GIS 的应用人员和组织机构

对于合格的系统设计、运行和使用来说，GIS 专业人员是 GIS 应用成功的关键，而强有力的组织是系统运行的保障。一个周密规划的 GIS 项目应包括负责系统设计和执行的项目经理、信息管理的技术人员、系统用户化的应用工程师以及最终运行系统的用户。缺乏合格的 GIS 专业人员是当今 GIS 技术应用中最为突出的问题之一。

另外，从系统中的数据处理看，GIS 是由数据输入子系统、数据存储与检索子系统、数据处理与分析子系统和输出子系统组成。数据输入子系统，负责数据的采集、预处理和数据转换。数据存储与检索子系统，负责组织和管理数据库中的数据，以便于数据查询、更新与编辑处理。数据处理与分析子系统，负责对系统中所存储的数据进行各种分析计算，如数据的集成与分析、参数估计、空间拓扑叠加、网络分析等。输出子系统，以表格、图形或地图的形式将数据库的内容或系统分析的结果以屏幕显示或硬件拷贝方式输出。

（三）地理信息系统的功能

作为地理信息自动处理与分析系统，GIS 的功能遍历数据采集—分析—决策应用的全过程，并能回答和解决如下问题。

（1）位置，即在某个地方有什么的问题。位置可表示为地名、邮政编码、地理坐标等。

（2）条件，即符合某些条件的实体在哪里的问题。例如，在某地区寻找面积不小于 $1000 m^2$ 的不被植被覆盖的且地下条件适合于大型建筑的区域。

（3）趋势，即某个地方发生的某个事件及其随时间的变化过程。

（4）模式，即某个地方存在的空间实体的分布模式的问题。模式分析揭示了地理实体之间的空间关系。

（5）模拟，即某个地方如果具备某种条件会发生什么问题。GIS 的模拟是基于模型的分析。

由于 GIS 发展的多源性，其功能具有可扩充性以及应用的广泛性。按照 GIS 中的数据流程，可将 GIS 的功能分为如下 5 类 10 种：①采集、检索与编辑；②格式化、转换、概化；③存储与组织；④分析；⑤显示。在分析功能中，把空间分析与模型分析功能称为 GIS 的高级功能。

（四）地理信息系统的数据结构

在 GIS 中，有关地理实体的描述数据称为空间数据，它具有三个基本特征，即属性相特征（地理实体的类型、分级及有关性质），空间特征（地理实体的空间位置，一般以坐标数据表示），时间特征（指地理实体随时间的变化，其变化周期有超短期、中期、长期之分）。

在 GIS 中，为了真实地反映地理实体，不仅包括实体的大小、形状及属性，而且还要反映出各实体之间的相互关系，也称拓扑关系。这种关系对 GIS 的数据处理与空间分析具有重要意义。

所谓数据转构，是指描述地理实体的数据本身的组织方法，即指数据记录的编排格式及数据间关系的描述。不同类型的数据，只有按一定的数据结构进行组织，并将其映射到计算机存储器之中，才能进行存取、检索、处理和分析。

数据结构基本上可分为两大类，即矢量数据结构和栅格数据结构。两类结构都可用来描述地理实体的点、线、面三种基本类型。实体的非几何属性可以和几何属性存储在一起，也可以通过指针结构相联系。数据结构是和一定的输入输出设备相联系的。矢量数据结构是跟踪式数字化仪的直接产物，也是和增量式绘图仪相适应的；栅格数据机构则是经扫描仪得到的数据格式，适用于屏幕显示和行式打印机输出。两种数据相对于现实世界的描述如图 5-18 所示。

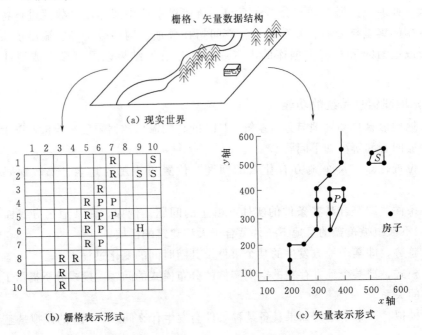

图 5-18 矢量、栅格数据结构对现实世界的表示形式

1. 矢量数据结构

在矢量数据结构中，现实世界的物体或状态用点、线或面表达，与它们在地图上表示相似，每一个实体的位置是用它们在坐标参考系统中的空间位置（坐标）定义。地理实体的位置通常参照地图上使用的 XY 坐标系统表达（称笛卡尔坐标系），通过记录坐标的方式用点、线、面等基本要素表达到二维地图上。点实体由单独一对坐标 (x_1, y_1) 定位；线实体由两对以上的坐标 $(x_1, y_1), (x_2, y_2), \cdots, (x_n, y_n)$ 定位；面实体一般用多边形表示，它是由若干直线段围成的封闭区域的边界，由若干对坐标 $(x_1, y_1), (x_2, y_2), \cdots, (x_n, y_n)$ 定位，其中最末一点坐标与第一点坐标相等。

矢量结构的空间定位是根据坐标直接存储的，而属性数据目前常建立表结构文件，用关系数据库管理。因此，矢量数据结构具有定位明显、属性隐含的特性，在计算长度、面积、形状和图形编辑、几何变换操作中比较方便、高效，且精度较高；但在图形运算、叠加运算、邻域搜索等方面不易操作。

点和线实体的矢量结构较为简单，只要将其空间数据和属性记录完全即可。对于用多边形描述的面实体，矢量结构不但要表示空间位置和属性，还要表达区域的拓扑性质，即空间各个多边形及点、线之间的相邻、相连、包容、在里面和在外面等关系。

182

2. 栅格数据结构

在栅格数据结构中，空间被规则地划分为栅格（通常为正方形）。地理实体的位置和状态是用它们占据的栅格行、列号来定义的。每个栅格的大小代表了定义的空间分解力。由于位置是由栅格行、列号定义的，所以地理实体的位置由距它最近的栅格记录决定。例如，某个区域被划分成 10×10 个栅格，那么仅能记录位于这 10×10 个栅格附近的物体的位置。栅格的值表达了这个位置上物体的类型或状态。用栅格方法，空间要被划分成大量规则格网，而且每个栅格的取值可能不一样。空间单元是栅格，每一个栅格对应于一个特定的空间位置，如地表的一个区域，栅格的值表达了这个位置的状态。与矢量结构不一样，栅格结构的最小单元与它表达的真实世界空间实体没有直接的对应关系。栅格结构中的空间实体单元不是通常概念上理解的物体，它们只是彼此分离的栅格。例如，道路作为明晰的栅格是不存在的，栅格的值才表达了路是一个实体。道路是被具有道路属性值的一组栅格表达的，这条路不可能通过某一个栅格实体被识别出来。

3. 空间数据分层组织

栅格数据结构可按每种属性数据形成一个独立的叠置层，各层叠置在一起则形成三维数据阵列。原则上，层的数量是无限的，但因存储空间有限才限制了层的数量。每层对应于一个专题，比如为了进行城市规划，可作街区图、公交路线图、电力电讯图、地下供排水管线图等专题图，然后按要求叠置。可以得到一个城市综合现状图或规划图。

有时可按时间分层，比如为了研究河道变迁，把不同时期的河势图分别做出来，然后叠置，形成一个河道演变图。

为了需要还可按垂直高度分层，比如进行土地利用规划，需了解该块土地的现状，或一个淹没区的现状，可以分不同高程作出现状图，然后叠置形成一个整体现状图。

由于分层，使复杂图形简单化，并且可以分工做专题图，根据需要做不同层的合成图，比较清晰易理解。图 5-19 分别表示了按专题、时间、垂直高度分层的方法。

（五）地理信息系统的应用与实施

GIS 虽是一种比较特殊的信息系统，但它在组织、机构中的作用和一般信息系统是相似的。目前人们往往把一般信息系统按其在组织、机构中所发挥的作用分成三种：一是事物处理系统（Transaction Processing System，TPS）；二是管理信息系统（Management Information System，MIS）；三是决策支持系统（Dicision Support System，DSS）。

TPS 的主要作用是提高信息处理的效率，其目标和管理工作中的决策不一定有直接关系。MIS 主要是为管理服务，信息处理的效率是第二位的。TPS 和 MIS 主要是面向那些所需信息类型可以明确，处理过程可以是事先描述的任务（在决策科学中常称为结构性强的任务）。DSS 由于其主要是为决策服务的，而决策任务大都是所需信息类型事先不明确、处理过程无法事先仔细描述的任务（即结构性弱的任务）。任务的结构性弱是由任务的目标模糊、子目标之间有相互冲突等因素造成，DSS 要适应这种任务，难度就比 TPS、MIS 大。

大多数信息系统是从 TPS 开始发展的，它是信息处理计算机化的基础。目前已建成的 GIS 也大都属于 TPS 型或 MIS 型。有关地理空间问题的决策支持系统称为空间决策支

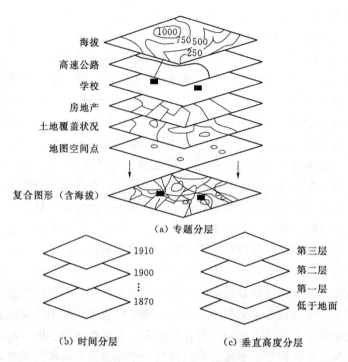

图 5-19 分层的数据库概念

持系统（Spatial Dicision Support System，SDSS），它不但和常规的 GIS 有很大区别，实现的难度也比一般的 DSS 更大。因此，在建立实用性的 GIS 之前，要充分考虑该系统在组织、技高一筹中所发挥的作用，以及实施的难度。

应用 GIS 技术和建立实用性的 GIS 是有区别的，前者往往是后者的一部分。实用性的 GIS 包括硬件、软件、数据、应用、用户、系统管理与维护等诸多要素，它的设计、建立和运行是一项复杂而长期的工作。实施一个实用的 GIS 大体分四个步骤，即：①前期准备——立项、调研、可行性分析、用户需求分析；②系统设计——总体设计、标准集的产生、系统的详细设计、数据库设计；③施工——软件开发、建库、组装、试运行、诊断；④运行——系统交付使用和更新。

（六）开放地理信息系统和互操作技术

GIS 技术在取得巨大发展的同时，其缺陷也越来越明显。突出表现在：①传统的 GIS 是封闭、孤立的系统，没有统一的标准，各自采用不同的数据格式、数据存储和数据处理方法。不同的厂商的 GIS 软件采用不同的空间数据格式，对地理数据的组织有很大差异，这使得跨 GIS 平台的数据交换存在困难，采用数据转换标准也只能部分地解决问题。②不同应用部门对地理现象有不同的理解，对地理信息有不同的数据定义，这种语义上存在的分歧直接导致了基于具体的、相对独立的 G1S 平台的应用开发系统之间难于实现信息息共享与交流。

在信息社会中，每时每刻都有大量来源不同的地理数据产生、分布地存储。在网络环境下，信息需要在不同软件中分布地处理，并且能够在网络中实施发布。因此，如何使不同的 GIS 软件能迅速便捷地获取这些来源不同的数据，并将它们集成起来进行分析，如何使这些集成数据在不同的系统下相互可操作以及在异构分布数据中获取所需的信息就变得非常关键。

分布式数据库、信息系统与高速计算机信息网络为信息共享创造了条件，而互操作和互运算是实现共享的关键技术之一。互操作和互运算必须通过 WebGIS、ComGIS 和 OpenGIS 规范才能实现。WebGIS、ComGIS 是针对同构系统，即相同的软件平台的分布式信息系统的数据、软件及硬件等系统资源进行共享与系统之间进行运算和互操作。不同软件平台之间，如 ARC/INFO 与 MAPINFO 之间的分布式信息系统之间系统资源共享，即异构系统之间进行互运算、互操作需要靠 OpenGIS 规范。

WebGIS 称为超媒体网络地理信息系统。所谓超媒体网络（World Wide Web）是为本网络上传送文字、图形、影像和音响数据的超媒体服务系统，简称 Web 或 WWW。WebGIS 是由很多主机、很多数据库与无数终端，并由 Internet/Intranet 相连接所组成。实际上 WebGIS 是通过 Internet 连接无数个、分布在不同地点的、不同部门的、独立的 GIS。WebGIS 具有客户机/服务器（Client/Server，简称 C/S）结构。客户机具有获得信息和各种应用的功能，服务器具有提供信息或系统服务的功能。

WebGIS 由四个部分组成：WebGIS 浏览器（Browser）可以从服务器连通到任何距离的另一个服务器上读取各种多媒体信息；WebGIS 信息代理（1nformation Agent）是空间信息网络化的关键部分，主体是信息代理机制和信息代理协议，提供直接访问数据库的功能。WebGIS 服务器能解释中间代理请求及操作数据库服务器和实现 Browser 和 Server 的动态交互。WebGIS 编辑器（Editor）具有可视化、交互式、多窗口的功能与形成 GIS 对象、模型和数据结构的编辑及显示环境。

WebGIS 简单的交互方式虽然可以实现网络环境中 GIS 简单的通信，但无法满足频繁交互、复杂分析和动态变化的应用要求。为此，面向对象的超媒体网络 GIS（Object - oriented WebGIS）被提出来了，其关键将分布式对象和对象代理方法引入 WebGIS 解决 WebGIS 的地学应用问题，提高了 WebGIS 的功能。软件构件式 GIS（Complement GIS）简称 ComGIS，是指基于组件对象平台的、一组具有某种标准通信接口的、允许跨语言应用的、由软件构件组成的、新一代的 WebGIS，它具有很强的可配置性、可扩展性、开放性及使用更灵活和二次开发更方便等特点。

开放式地理信息系统（Open GIS，OGIS）是为了使不同的 GIS 软件之间具有良好的互操作性，以及在异构分布数据库中实现信息共享。1994 年成立的美国开放地理信息系统联合会（Open GIS Consortium，OGC）。为了寻找一种方式，将 GIS 技术、分布处理技术、面向对象方法、数据加工设计及实时信息获取方法更有效地结合起来，研究和建立了开放地理数据交互操作规程（Open Geodata Interoperability Specification，OGIS），在传统 GIS 软件以及未来的高带宽的异构地学处理环境中架起一座桥梁。OGIS 的主要目标是使用户能开发出基于分布计算技术的、标准化的公共接口，将地理空间数据和地理处理资源使完全集成到主流计算中，并实现交互式的、商品化的地理数据处理和地理数据分析的软件系统，使之在全球信息基础设施上得到广泛的应用。

具体来说，它是为了给应用开发者提供 OGIS 的规程模型及实现规程的技术手段，并通过体系结构为应用开发者提供基于 OGIS 的地理数据处理的开发工具、中间件、软件构件；并将已有的工具和数据库实施封装，使得用户能在一种分布及协作的方式下方便地获得地理数据和为地理数据处理服务，以及其他地理的应用，完成具体的应用任务。其特点是：①它是一种统一的规程，使用户和开发者能进行互操作；②它能克服繁琐的批处理以及导入、导出障碍，在分布操作系统异构数据库环境下获取数据及数据处理功能资源。

二、全国水文站网管理信息系统

全国水文站网管理信息系统是应用 GIS 技术开发的信息系统，它为优化水文站网、提高站网管理水平，提供了迅速、全面的信息支持。系统建成后，可实现水文站网图、文、声、像信息的查询、漫游和图形报表的输出。

（一）系统的软件环境

选用了现在较为流行的桌面地理信息系统 Mapinfo，该系统技术成熟，功能强大，界面友好，易于操作，符合应用部门的要求。在系统开发中，还选用了多种辅助软件，如 VB、Office、语音软件等。

Mapinfo 软件将所有数据按其结构分为空间数据和属性数据，实现空间数据库设计的关键问题是分割研究区域和分解地理要素。通过分析水文站网图幅，将图幅表现的内容按地理形态分布划分为点（如测站）、线（如河流）、面（如湖泊、水库等水体）三种图形实体，由这些图形实体构成的全国水文站网可看作是一个地理实体，它具有明显的空间特性和层次特性；同时，可根据需要将同一图形实体的不同量级划分为若干层次。这样在使用中能够查找迅速、方便易用，并结合本站网系统的实际需要，将空间数据库划分为几十层（如水文站点图层、水系图层、湖泊图层等）。每个空间数据图层对应一个属性数据库，以表结构形式出现，可随时调用、更新和充实。

（二）系统组成

本系统充分利用 GIS 分析处理空间数据的功能，综合不同来源的空间数据和属性数据，通过空间操作、空间分析，及时而可靠地为水文站网的决策管理者提供多种信息。整个系统由三个部分组成，如图 5-20 所示。

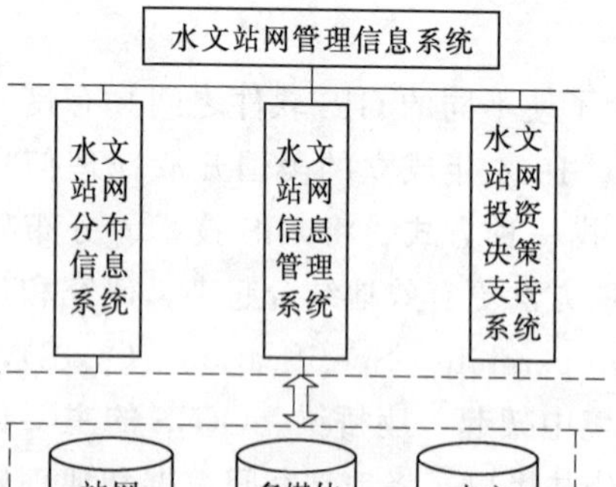

1. 水文站网分布信息系统

水文站网分布信息系统的任务分为两大类：一类是数字化信息的前期基础工作，即建立地理数据库，以实现空间型数据库技术的管理方式；另一类是对数字化信息的使用，即在所建立数据库的基础上执行各种应用目的。

基于上述分类，可以将水文站网分布信息系统分为编辑系统和查询系统。编辑系统可根据需要随时进行水文站点信息的输入、编辑、存储，以及进行多种形式的统计分析和组合分解，并输出不同类型的专题图、表。查询系统则可以对全

图 5-20　全国水文站网管理信息系统结构框图

国、各大流域及各省（自治区、直辖市）的水文站网运行情况进行查询，还可以对具体某个水文站的信息进行查询。图5-21为水文站网分布信息系统处理流程图。

2. 水文站网信息管理系统

水文站网信息管理系统是为提高水文站网的管理决策水平而建设的，它包括全国及各流域机构、各省（自治区、直辖市）水文系统的基本站网和人员变化、设备设施等水文信息，还可以包括一些诸如业务发展规划、科技进步、经费使用情况、社会经济效应等政务信息。图5-22为水文信息管理系统框图。

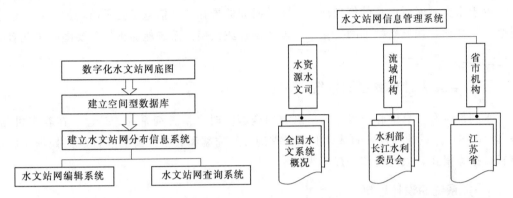

图5-21 水文站网分布信息系统处理流程图　　　图5-22 水文站网信息管理系统框图

3. 水文站网投资决策支持系统

水文站网投资决策支持系统是为更高层次的决策管理而建立的，它通过建立全国水文特征值信息库、水文站网经济效益的评估模型，例如，水文站网在防洪中的效益模型，在水资源开发利用及水环境保护中的效益模型等，应用系统集成的方法建立水文站网投资决策支持系统。

4. 数据库系统

数据库包括站网信息库、多媒体资料库、水文模型库。

站网信息库的分类如图5-23所示。站网信息库实现了空间数据和非空间数据的存储、检索、处理，并对系统内各种数据进行维护和更新。

多媒体资料库，是将与水文站网有关的历史及现状的图片、视频、文本资料及其他重要的信息进行系统的管理，为水文站网的决策和管理者提供重要的参考资料。

水文模型库包括全国水文特征值信息库、有关的自然地理特征信息库、与水文站网有关的社会经济信息库、水文特征值（或参数）的区域分布模型及水文站网经济效益的评估模型等。

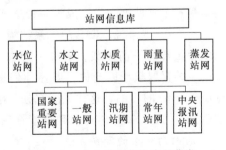

图5-23 水文站网信息库的分类

（三）系统功能

1. 专题地图制作

依据空间数据库、属性数据库提供的信息，按照决策和管理的需要，在GIS制图软件支持下，可制作不同比例的彩色、黑白的专题地图，并可根据需要随时修改、更新图形要素。

2. 信息查询、检索和统计分析

系统的数据组织有利于多维信息的复合与分解，对存储的信息（单要素或多要素）进行快速查询、检索和统计分析，其结果可通过图表、地图窗口来表示。为增加可视化效果，系统设有丰富的图形符号。

3. 信息随时更新和扩充

由于水文站网所涉及的信息众多，随着时间的推移，其信息量会不断增加，某些信息还会发生变化，如测站站址的变化、站点的增加或撤销。系统能够根据需要随时扩充有关信息。

三、全国实时水情查询系统

水利部水利信息中心（水文局）研制的全国实时水情查询系统，是建立在客户机/服务器（C/S）体系结构技术的基础上，将查询分为前端和后台：前端进行数据处理，后台进行数据库操作，大大提高了查询速度。

（一）系统的设计思想

1. 基于 C/S 体系

C/S 体系结构的性能价格比是最优的，在网络开销上也是很小的。客户机和服务器之间的通信形式是交互式的、协议式的。交互式通信的特点是服务器仅仅送回客户机请求的结果，客户机运行前端应用程序，提供应用开发工具，同时可以通过网络获得服务器上的共享资源。C/S 体系结构是把工作任务交给客户机和服务器分担的系统。

2. 采用 Sybase SQL Server

大多数关系数据库都是由主/从式计算模型建造起来的，而 Sybase 是首先将 C/S 的体系结构引入到关系数据库，而且是从一开始就将其 SQL Server 设计成 C/S 的体系结构，第一个把此概念发展成为一种全新的系统建造方法。

对 Sybase 来说，C/S 的体系结构允许一个应用在多台机器上运行支持共享资源且能在多台设备间平衡负载。Sybase 面向所有欲编写、访问 SQL Server 的人们，将其 SQL Server 的存取权予以开放，即让他们编写 DB－LIB 接口，通过 DB－LIB 就能实现访问 SQL Server 的目的，这样就能充分利用 SQL Server 后端的能力。本系统后台服务器运行的就是 Sybase SQL Server 数据库管理系统。

3. 面向对象的开发方法

面向对象的软件开发方法是当今世界最流行的软件开发方法，它不仅最贴近自然语义，而且有利于软件的维护与继承。本系统采用 Power Builder 开发工具，它正是具备了这个特点。

4. 事件驱动

在程序设计过程中，让每个对象产生"动作"的时机就是事件。我们设定好当事件发生时所要执行的动作，使对象能够识别窗口的信息，并对窗口的信息有所回应。

Power Builder 中的所有对象，包括窗口对象和窗口上的所有控制对象都拥有自己的事件，每个事件都有自己的触发时机。

(二) 系统的组成

"全国实时水情查询系统"是根据国家防总办公室人员和水利信息中心水情人员的防汛需要而研制的，大体由水情、告警、简报、报表、管理、帮助、退出等 7 大项组成。

实时水情模块主要提供雨水情实时信息、重点水情的实时信息、预报水情信息及遥测信息，包括降雨量、河道、闸坝、水库、风暴潮、沙情、冰情、风浪、旬月特征及特殊水情等信息。告警模块主要提供水库站的超限情况、河道站的超警情况。简报模块的主要功能是将全国重要的水库站、河道站的各种信息按固定的格式绘制成简报，向中央及各防汛单位和领导发放。报表模块提供定期绘制各种统计材料，如蓄水量的统计功能。管理模块提供切换到其他服务器的手段和一些基本数据资料进行增、删、改等操作。帮助模块为用户更好地使用本套软件提供所需要的帮助信息。退出模块为用户提供了方便地退出本套系统的途径。

(三) 系统的功能

1. 数据查询

用户可以任选时间、站号（包括单站、多站）进行实时水情信息、预报水情信息、河道告警信息、水库告警信息的查询。显示方式以表格方式为主，条件选择和显示结构在同一界面中。条件输入尽量减少汉字输入方式，并且使用外连接将有关的数据通过一个表格显示输出，避免了多次更换界面，从而提高了数据查询效率，并可将查询结果打印输出。

2. 报表生成

用户可以使用本系统生成多种用途的水情信息的报表，如蓄水量的统计表、危险水库的统计报表及水情简报。水情简报是水情人员将全国重要的水库站、河道站的各种信息按固定的格式绘制成简报，在汛期（6 月 1 日至 9 月 30 日）每日 1 期向中央及各防汛单位和领导提供重要的汛情资料。

3. 数据维护

为了使用户能够随时修正历史数据而更具准确性，本系统提供了对数据库中历史数据的增、删、改功能，包括站标题、河道及水库的防洪任务、历史最大值、汛限水位等资料，用户使用非常方便，只要在菜单中选择相应的表即可。为了保证数据安全可靠，这项工作必须经过授权才可进行。

4. 数据转储

用户可以通过查询界面中提供的转储按钮，将查询出的数据存为其他格式的文件。常用的格式有：Text（纯文本）、DBF（dBASE 数据库）、Excel（Microsoft 电子表格）等，为查询结果的再处理提供了很大的帮助。

5. 服务器设置

用户可以通过登录窗口，直接访问分布式环境中的数据库服务器（用户只需在本机上设置好），就可以与异地的服务器连接。

参 考 文 献

［1］ 魏文秋，张利平. 水文信息技术 ［M］. 武汉：武汉大学出版社，2003.

［2］ 周忠远，舒大兴. 水文信息采集与处理 ［M］. 南京：河海大学出版社，2005.

［3］ 赵志贡，岳利军，等. 水文测验学 ［M］. 郑州：黄河水利出版社，2005.

［4］ 谢悦波. 水信息技术 ［M］. 北京：中国水利水电出版社，2009.

［5］ 水利电力部水利司. 水文测验手册 ［M］. 北京：水利电力出版社，1975.

［6］ 水利电力部. GBJ 95—86 水文测验术语与符号标准 ［S］. 北京：中国计划出版社，1987.

［7］ SL 61—2015 水文自动测报系统技术规范 ［S］. 北京：中国水利水电出版社，2015.

［8］ SL 247—2012 水文资料整编规范 ［S］. 北京：中国水利水电出版社，2012.

［9］ 雒文生. 河流水文学 ［M］. 北京：水利电力出版社，1992.

［10］ SL 219—2013 水环境监测规范 ［S］. 北京：中国水利水电出版社，2014.

［11］ 吴持恭. 水力学（上、下册）［M］. 2 版. 北京：人民教育出版社，1983.

［12］ 严义顺. 水文测验学 ［M］. 北京：水利电力出版社，1984.

［13］ 水利部水文司. 水文调查指南 ［M］. 北京：水利电力出版社，1991.

［14］ 叶守泽，詹道江. 工程水文学 ［M］. 北京：中国水利水电出版社，2000.

［15］ 梅安新，彭望琭，秦其明，等. 遥感导论 ［M］. 北京：高等教育出版社，2001.

［16］ 张霭琛. 现代气象观测 ［M］. 北京：北京大学出版社，2000.

［17］ 郭生练. 水库调度综合自动化系统 ［M］. 武汉：武汉水利电力大学出版社，2000.

［18］ 傅肃性. 遥感专题分析与地学图谱 ［M］. 北京：科学出版社，2002.

［19］ 魏文秋，赵英林. 水文气象与遥感 ［M］. 武汉：湖北科学技术出版社，2000.

［20］ 魏文秋. 水文遥感. ［M］. 北京：水利电力出版社，1995.

［21］ 陈述彭，鲁学军，周成虎. 地理信息系统导论 ［M］. 北京：科学出版社，1999.

［22］ 汤国安，赵牡丹. 地理信息系统 ［M］. 北京：科学出版社，2000.

［23］ 刘基余，李征航，王跃虎，等. 全球定位系统原理及其应用 ［M］. 北京：测绘出版社，1993.

［24］ 魏文秋，于建营. 地理信息系统在水文和水资源管理中的应用 ［J］. 水科学进展，1997（3）.

［25］ 曹志刚，钱亚生. 现代通信原理 ［M］. 北京：清华大学出版社，1992.

［26］ 徐勇，赵岩，林梓，译. 通信系统与网络 ［M］. 2 版. 北京：电子工业出版社，2001.

［27］ 傅海阳，杨龙祥，李文龙. 现代电信传输 ［M］. 北京：人民邮电出版社，2001.

［28］ 唐燕，周维续，王恺宁. 全国实时水情查询系统的设计与开发 ［J］. 水文，1998（增刊）.